LEMON & VINEGAR RECIPES

레몬과 식초로 맛을 낸 간단 건강 요리

후지이 메구미 지음 | 백현숙 옮김

pan'n'pen

레몬과 식초의 공통점은 바로
산미(酸味) 즉, 신맛이죠!

그렇지만
　식초와 레몬을 넣어 만드는 요리가
모두 시큼한 것은 아닙니다.

　물론 식초를 그대로 먹으면
　　저절로 눈이 질끈 감길 정도로 강한 '신맛'이 느껴지지만
　다른 식재료나 조미료와 조화롭게 사용하면 산미가 부드러워질 뿐만 아니라
여러모로 도움이 되는 마법의 아이템으로 변신합니다.

이제부터 소개하는 요리들은
식초와 레몬이 가진 여러 좋은 효능을
고스란히 섭취할 수 있게 합니다.

식초와 레몬이 우리에게 주는

여러 가지 '도움'이란 과연 무엇일까요?

마법의 힘은 또 과연 어떤 것일까요?

이 책에는 식초와 레몬이 가진 그 비밀들이 가득 모여 있습니다.

Contents

PART 1 레몬 한 개를 통째로

PART 2 식초 그대로 요리에 쓴다

080

094

114

PART 3 식초를 끓여 맛을 올리다

134

148

140

PART 4 담금식초와 활용 요리

* 이 책의 계량기준은 1큰술은 15㎖, 1작은술은 5㎖, 1컵은 200㎖입니다.

식초와 레몬의 놀라운 힘(효능)을 아시나요

'식초와 레몬은 몸에 이롭다'는 말이 틀렸다고 하는 사람은 없겠지요. 신맛이 가지고 있는 '건강한 느낌'은
짠맛이나 단맛과 비교하면 압도적으로 강합니다. 식초와 레몬에는 신맛의 힘과 더불어 다양한 효능이
있습니다. 음식을 맛있게 해주고, 몸에도 좋은 작용을 하며 기분까지 밝아지게 합니다.

식초

고유하고 탁월한 건강효과와 조리효과를 발휘하는 발효 조미료!

식초의 주요성분은 초산이라는 유기산으로 알코올 발효와 초산발효에 의해 만들어집니다. 식초는
같은 발효식품인 간장이나 된장보다 역사가 오래된 조미료로 그 맛과 효능은 예로부터 사랑받아
왔습니다. 유기산을 포함한 발효식품은 면역력을 높여주고, 소화흡수를 촉진하며, 장건강을 개선하고
피로회복에도 도움을 줍니다. 변비를 개선하고 아름다운 피부로 가꿔주며, 내장지방을 줄여주는
등의 좋은 효과도 있습니다.

건강효과뿐 아니라, 맛이 너무 진한 요리는 산뜻하게, 밍밍한 음식의 맛은 또렷하게 다잡아주는
역할도 합니다. 식재료 본연의 감칠맛과 깊은 맛을 끌어내므로 음식의 질을 한 단계 높여주는 비법
재료로써의 능력도 발휘합니다. 요리에 식초를 넣기만 해도 짠맛과 단맛이 잘 살아나므로, 평소보다
염분이나 당분을 줄여서 조리해도 만족스러운 맛의 음식을 완성할 수 있습니다.

효과적인 식초, 레몬 섭취 방법

식초와 레몬에는 다양한 건강효과가 있는데 이를 몸소 느끼려면 매일, 조금씩, 꾸준히 섭취하는 것이 중요합니다. 식초는 하루 1~2큰술이, 레몬은 보통 한 개에서 얻을 수 있는 과즙인 2~3큰술 정도가 적정 섭취량입니다. 말 그대로 '조금씩' 먹으면 그걸로 충분합니다.

레몬

구연산과 비타민C 함유량이 풍부하고, 껍질에는 폴리페놀이 가득하다!

레몬의 신맛은 구연산에 의한 것으로, 구연산은 우리 몸속에 쌓여있는 피로물질(젖산)을 분해하는 능력과 신진대사를 활발하게 하는 힘을 갖고 있습니다. 강력한 항산화작용을 하는 비타민C도 풍부하여 면역력을 높여주므로 감기를 예방할 수 있으며, 피부를 건강하고 예쁘게 가꾸는 작용까지 기대할 수 있습니다.

레몬은 감귤류 과일 중에서 구연산과 비타민C의 함유량이 가장 높은 편에 속합니다. 칼슘과 철분이 우리 몸속으로 흡수되는 것도 도와줍니다. 레몬 껍질에는 기분을 안정시켜주는 향 성분과 항산화작용이 탁월한 폴리페놀, 장건강을 개선하는 불용성 식이섬유와 같은 성분이 풍부합니다. 구성성분은 식초와 다르지만(식초에도 구연산이 함유되어 있습니다만) 기대할 수 있는 여러 효과는 식초에 뒤지지 않습니다.

이 책에서 사용하는 4가지 식초

발효하여 만드는 식초의 원료는 술의 재료인 쌀 같은 곡류,
포도 같은 과일과 채소 등으로 다양합니다. 식초에 따라
풍미가 다른 것은 바로 원료가 다르기 때문입니다.
이 책에서는 우리에게 친근한 쌀로 만든 식초 2종류와 포도로
만든 식초 2종류를 사용하였습니다. 각각의 식초가 가진
특징을 알아두면 요리할 때 많은 도움이 될 것입니다.

쌀식초

곡물을 주원료로 한 식초들 중에서 쌀의
사용량이 식초 1L당 40g 이상인 것으로, 정미한
쌀을 사용해 만듭니다. 쌀의 풍미가 살아있는
부드러운 향과 맛이 장점입니다. 일반적으로
일본 요리와 잘 어울려 많이 쓰이는데, 아시아
스타일의 양식이나 동남아풍 에스닉 요리
등에도 무난하게 어울리는 식초입니다.

흑초(쌀흑식초)

흑초는 식초 1L당 180g 이상의 현미가
사용되어야 하며, 오랜 기간 숙성하여 갈색
또는 흑갈색이 된 식초를 말합니다. 아미노산이
풍부하여 감칠맛과 풍미가 강하고 깊은 맛이
나지만 신맛(산미)은 비교적 순한 편입니다.
중국 요리와 잘 어울리는데 간장이나 맛국물과
조합하여 한결 좋은 맛을 낼 수 있습니다.

- 식초는 원래 알코올발효와 초산발효를 거치며 시간을 들여 만들지만, 처음부터 알코올을 첨가하여 만드는 곡물식초나 초산을 희석하여 설탕이나 산미료를 첨가한 합성식초도 있습니다. 이런 제조방법에 따라 가격의 차이가 생깁니다. 식초를 구입할 때에는 원재료 표시를 잘 살펴보고 고릅시다.

- 산도(酸度)는 식초에 함유되어 있는 산의 비율을 말하지만 반드시 '수치가 높은 것 = 신맛이 더 많이 나는 것' 은 아닙니다.

화이트 와인 비니거

포도로 만드는 화이트 와인을 초산발효한 것입니다. 산도는 여기서 소개하는 4종류의 식초 중에서 가장 높고 과일 같은 향이 나기 때문에 적은 양을 사용해도 식재료의 맛을 훨씬 도드라지게 만드는 힘이 있습니다. 재료를 마리네이드 하거나 샐러드, 버터 소스 같은 서양식에 잘 어울립니다. 레드 와인으로 만드는 레드 와인 비니거도 있습니다.

발사믹 식초

포도의 농축과즙을 나무통에서 장기 숙성한 것으로 이탈리아 북부 지역에서 만드는 전통 식초입니다. '발사미코(balsamico)' 는 향이 나는, 향이 풍기는 이라는 뜻입니다. 가격은 싼 것부터 아주 비싼 것까지 상당히 다양합니다. 가열하여 졸여서 깊은 맛을 내고자 한다면 비싸지 않은 발사믹 식초를, 가열하지 않고 그대로 음식에 사용한다면 본고장인 이탈리아산의 부드러운 맛을 구입하세요. 2종류 정도 구비해두고 용도에 맞게 구별하여 쓰는 것도 좋은 방법입니다.

끝이 뾰족한 둥그스름한 모양은 물론 단면까지 예쁜 레몬!
감귤류 과일 특유의 신선한 내음과 상큼한 신맛은 누구나 좋아하죠.

이렇게 훌륭한 레몬을 그저 즙만 짜서 드레싱 재료나 튀김 요리에
뿌리는 용으로만 사용하고 있지는 않았나요?

요리의 주재료로 레몬 한 개를 통째로 사용해보면 레몬이 가진
다양한 매력을 훨씬 더 깊고 맛있게 경험할 수 있습니다.

레몬 한 개를 통째로

레몬의 과육은 물론 껍질과 과즙까지 모두 요리에 사용해보기

레몬 껍질에 숨어있는 산뜻한 향 성분,
과육과 과즙에서 느껴지는 풍부한 수분감,
하얀 속껍질에서 맛볼 수 있는 특유의 쌉싸래함.
레몬이 가지고 있는 이처럼 다채로운 매력을 남김없이
모두 맛볼 수 있다면 어떨까요?

레몬

모둠 콩 베이컨 레몬 샐러드

여러 종류의 콩과 베이컨이 가진 저마다 다른 맛을 레몬이 한데 어우러지게 합니다. 산뜻하면서도 감칠맛이 좋고, 씹는 맛까지 즐거운 조화로운 샐러드입니다.

재료 2인분 **난이도** ★☆☆

레몬 ½개
통통한 껍질콩(사진 참조)
200g(20개)
잠두콩 100g
납작한 껍질콩 100g
덩어리 베이컨 80g

식용유(식물성 기름) 1작은술
소금 1작은술

드레싱
레몬즙 ½개 분량(1큰술)
홀그레인 머스터드 ½큰술
간 양파 1작은술
소금 ⅓작은술
올리브 오일 1큰술

1 레몬은 얇은 은행잎 모양으로 썰고 잠두콩은 껍질에 칼집을 넣는다.
베이컨은 1cm 폭으로 썬다.

2 냄비에 물을 끓여 소금을 넣고 통통한 껍질콩과 잠두콩을 넣어 2분간 삶는다.
다 삶아지기 30초 전에 납작한 껍질콩을 넣어 함께 삶아 익힌다.

3 삶은 콩을 모두 체에 밭쳐 물기를 뺀다.
잠두콩은 껍질을 벗기고 통통한 껍질콩은 껍질을 벌려 콩알이 보이게 한다.

4 재료를 골고루 섞어 드레싱을 만든다.

5 작은 프라이팬에 기름을 둘러 달군 후 베이컨을 노릇하게 구워 낸다.

6 그릇에 레몬, 삶은 콩, 구운 베이컨을 모양내어 담고 드레싱을 골고루 뿌려 완성한다.

레몬

레몬 향 새우 아보카도 샐러드

새우를 삶아 익힐 때 레몬 껍질을 함께 넣으면 해산물 특유의 비릿한 냄새를 잡아주어 요리 전체의 풍미가 한결 살아납니다.

재료 2인분 **난이도** ★☆☆

레몬 1개
새우(머리 제거, 껍질 있는 것)
200g
아보카도 1개
루콜라 50g
소금 약간

드레싱
국간장(우스구치 간장) 1작은술
고추냉이 1작은술
소금 ⅓작은술
올리브 오일 1큰술

1 레몬은 겉껍질과 하얀 속껍질을 모두 벗겨 과육만 발라내어 반달모양으로 얇게 썬다. 제거한 껍질과 하얀 속껍질은 새우 삶을 때 쓸 것이니 버리지 않고 둔다.

2 아보카도는 한입 크기로 썰고, 루콜라는 먹기 좋은 길이로 썬다.

3 새우는 등쪽의 내장을 제거한다.

4 작은 냄비에 새우 삶을 물을 넉넉히 붓고 레몬 껍질과 하얀 속껍질, 소금을 약간만 넣고 끓인다.

5 물이 끓어오르면 새우를 넣고 2분 정도 삶은 뒤 건져 바로 찬물에 담가 식힌 다음 껍질을 벗긴다.

6 믹싱 볼에 드레싱 재료를 모두 넣고 잘 섞은 다음 삶은 새우를 넣어 버무린다.

7 드레싱에 버무린 새우, 손질해둔 레몬, 아보카도, 루콜라를 모양 내어 그릇에 담고 남은 드레싱을 골고루 뿌려 완성한다.

레몬 드레싱 문어 감자 샐러드

아주 잘 어울리는 식재료 삼총사인 문어, 감자, 레몬이 만났습니다!
레몬 껍질에서 풍기는 향긋함이 끝없이 식욕을 자극한답니다.

재료 2인분 **난이도 ★★☆**

레몬 껍질 ½개 간 것
레몬 1개(드레싱용 즙을 짜고
남은 것)
데친 문어 150g
감자 2개
굵게 다진 파슬리 ⅓컵

소금 적당량
올리브 오일 약간

드레싱
레몬즙 1개 분량(2큰술)
올리브 오일 1큰술
소금 ⅓작은술
곱게 다진 마늘 약간
후추 약간

1 감자는 껍질 벗겨 1cm 두께로 둥글게 썰어 가볍게 물로 헹구고, 문어는 먹기 좋은 크기로 썬다.

2 냄비에 감자, 감자가 잠길 만큼의 물, 소금을 약간 넣고 불에 올려 감자가 익을 때까지 7~8분 정도 삶은 다음 체에 밭쳐 그대로 식힌다.

3 다른 냄비에 문어가 잠길 만큼의 물과 드레싱용 즙을 짜고 남은 레몬을 넣고 불에 올려 끓어오르면 문어를 넣고 살짝 데친 후 건져서 물기를 뺀다.

4 큼직한 그릇에 드레싱 재료를 모두 넣고 골고루 섞은 다음 문어, 감자, 파슬리를 넣고 버무려 맛이 배게 잠시 둔다.

5 그릇에 담고 간 레몬 껍질을 골고루 뿌리고 올리브 오일 약간 둘러 완성한다.

레몬 샤브샤브 샐러드

작게 자른 레몬 조각이 그 자체로 샐러드의 재료 역할을 합니다.
고기나 채소 등 다른 재료와 레몬이 어우러지면서 훨씬 풍성하고
조화로운 맛을 만들어 냅니다.

재료 2인분 **난이도 ★★☆**

샤브샤브용 소고기 200g	올리브 오일 1작은술	**소스**
레몬 ½개	소금 약간	참기름 ½큰술
잎새버섯 1팩	후추 약간	소금 ⅓작은술
상추 4장		후추 약간
적양파 ¼개		
레몬즙 ½개 분량		

1 레몬은 얇게 웨지 모양으로 썬 다음 반으로 썬다.

2 잎새버섯은 가닥가닥 먹기 좋게 나누고 상추는 한입 크기로 찢는다.

3 적양파는 얇게 채 썰어 큼직한 그릇에 담고 레몬즙을 뿌려 가볍게 섞는다.

4 소고기는 1장씩 소금, 후추를 조금씩 뿌려 밑간 한다.

5 프라이팬을 충분히 달구어 소고기를 1장씩 넣고 양면을 가볍게 구워 꺼낸다.

6 소고기를 구운 팬에 올리브 오일을 둘러 달군 후 잎새버섯을 넣고 노릇하게 구워 낸다.

7 적양파가 담긴 그릇에 소스 재료를 모두 넣고 잘 섞은 다음 레몬, 상추, 구운 고기와
버섯을 넣어 가볍게 섞어 그릇에 담아 낸다.

레몬 국수

상큼함과 시원함이 가득한 국수 한 그릇! 일본풍의 색다른 맛과
특별함을 느낄 수 있는 정갈하고 어여쁜 음식입니다.

재료 2인분 **난이도** ★☆☆

레몬 1개
소면 150g
올리브 오일 2작은술

국물
맛국물 4컵
맛술 2큰술
국간장(우스구치 간장) 1½큰술
소금 1작은술

1 레몬은 모양을 살려 얇고 둥글게 썬다.

2 국물 재료를 냄비에 넣고 섞은 다음 한소끔 끓인 후 뜨거운 김이 날아가면 냉장실에
넣어 차게 식힌다.

3 넉넉한 양의 끓는 물에 소면을 넣고 삶은 다음 찬물에 비벼가며 여러 번 헹구고 체에
밭쳐 물기를 잘 뺀다.

4 그릇에 소면을 담고 국물을 넉넉히 부은 다음 레몬을 보기 좋게 올리고 올리브 오일을
둘러 완성한다.

• 맛국물은 집에서 즐겨 사용하는 것으로 쓰되, 간이 되어 있지 않아야 한다.

레몬 팟타이

누구나 좋아하는 태국의 국수 요리인 팟타이! 토핑과 소스를 만들 때 모두 레몬을 활용하면 평소 먹던 것보다 더 맛있는 팟타이를 만들어 낼 수 있어요.

재료 2인분 **난이도 ★★★**

레몬 ½개
닭가슴살(껍질 제거한 것)
½장(100g)
마른 새우 3큰술
부추 ½줌
숙주 1봉지

원형 단무지 3㎝
쌀국수 150g
굵게 다진 땅콩 2큰술
식용유(식물성 기름) 1큰술

소스
레몬즙 1개 분량(2큰술)
피시소스·굴소스 2작은술씩
간장·설탕 1작은술씩
곱게 다진 마늘 1쪽 분량

1 레몬은 반으로 썬 다음 도톰하게 여러 조각으로 썬다.

2 부추는 3㎝ 길이로 썰고, 단무지는 잘게 썬다.
숙주는 너무 가늘고 긴 꼬리를 떼어 깔끔하게 다듬는다.

3 닭고기는 사방 1㎝ 크기로 깍둑썰기 한다.

4 미지근한 물 6큰술에 마른 새우를 넣고 살짝 불린 후 굵게 다진 다음 불렸던 물에 다시
담근다.

5 쌀국수는 물에 담가 불린다.
분량의 재료를 모두 골고루 섞어 소스를 만들어 둔다.

6 프라이팬에 식용유를 둘러 달군 후 닭고기와 단무지를 먼저 넣고 볶는다.

7 닭고기가 익으면 불려 둔 쌀국수를 건져 물기를 털어 넣고 레몬과 마른 새우, 새우 불린
물을 모두 넣고 잘 섞으며 볶는다.

8 소스를 둘러 넣고 골고루 잘 섞은 다음 부추와 숙주를 넣고 가볍게 섞어 불을 끈다.

9 그릇에 잘 담고 다진 땅콩을 뿌려 완성한다.

레몬 연어 구이

레몬을 구워 연어와 함께 먹는 요리로 노릇하게 구운 레몬에서 좋은 향이 진하게 감돌아 입맛을 돋웁니다. 연어와 레몬에 소스를 듬뿍 묻혀 한입에 맛보면 전혀 색다른 연어 구이를 만날 수 있습니다.

재료 2인분 **난이도 ★★☆**

구이용 연어 2조각(200g)
레몬 ½개
누룩소금 1큰술
올리브 오일 ½큰술
베이비 채소 30g

레몬 버터 소스
버터 20g
다진 마늘 1쪽 분량
레몬즙 1개 분량(2큰술)
소금 약간
굵게 간 후추 ½작은술

1 레몬은 원형의 모양을 살려 도톰하게 썬다.

2 연어는 누룩소금을 골고루 문질러 바른 다음 10분간 그대로 둔다.

3 프라이팬에 올리브 오일을 둘러 달군 후 연어와 레몬을 올리고, 약간 센 불에서 양면이 노릇해질 때까지 구워 접시에 담는다.

4 연어와 레몬 구운 팬을 살짝 닦은 후 소스 재료의 버터 10g을 넣어 녹으면 다진 마늘을 넣고 엷게 색이 나도록 볶는다.

5 레몬즙을 넣고 남은 버터와 소금, 후추를 넣어 골고루 섞은 후 불을 꺼 레몬 버터 소스를 완성한다.

6 구운 연어와 레몬 위에 소스를 뿌리고 베이비 채소를 곁들여 완성한다.

닭고기 레몬즙 조림

갓 짜낸 신선한 레몬즙을 조림장에 넣으면 닭고기에 감칠맛이 제대로 스며들어 음식의 풍미가 한층 좋아집니다.

재료 2인분 **난이도 ★★☆**

닭다리살 2장(500g)
레몬 ½개
녹말가루 적당량
식용유(식물성 기름) 1큰술

닭고기 밑간
청주 ½큰술
소금 ¼작은술
후추 약간

조림장
물 ½컵
설탕 2큰술
간장 1큰술

1 레몬은 껍질째 길이로 반 썬다.

2 닭고기는 살집이 두꺼운 부분에 칼집을 넣은 다음 한입 크기로 썰어 밑간 재료에 잘 버무린다.

3 조림장 재료를 골고루 섞어 두고, 밑간 한 닭고기에 녹말가루를 조금 뿌려 가볍게 섞는다.

4 팬에 기름을 둘러 달군 후 닭고기를 올려 양면에 노릇하게 색이 나도록 굽는다.

5 조림장을 골고루 둘러 넣고 레몬을 손으로 꾹 짜서 즙을 골고루 뿌린 다음 레몬도 넣는다.

6 뚜껑을 덮어 국물이 거의 없어질 때까지 7~8분 동안 뭉근하게 조려 완성한다.

동남아풍 레몬 치킨

동남아시아 풍미의 이국적인 소스와 곁들여 먹는 아주 부드러운
닭고기 요리입니다. 고기가 마르지 않도록 조리하므로 마지막
한입까지 풍부한 육즙을 느낄 수 있어요.

재료 2~3인분 **난이도** ★☆☆

닭가슴살(껍질 제거한 것)
2장(400g)
레몬 ½개
고수 6~9줄기
청주 ½큰술

닭고기 밑간
소금 ⅓작은술
설탕 ⅓작은술

소스
레몬즙 1개 분량(2큰술)
깨소금 1큰술
피시소스·설탕 2작은술씩
굵은 고춧가루 ½작은술
아주 곱게 다진 마늘 약간

1 레몬은 둥근 모양 살려 얇게 썰고, 고수는 잎을 따 두고, 줄기만 잘게 송송 썬다.

2 내열그릇에 닭고기를 겹치지 않게 담고 포크로 찔러 고기 전체에 구멍을 낸 다음 밑간
재료를 골고루 문질러 바른다.

3 닭고기 위에 얇게 썬 레몬을 골고루 펼쳐 올리고 청주를 전체적으로 뿌린다.

4 랩을 씌워 전자레인지에서 4분 동안 가열한 다음 꺼내어 남은 열로 더 익도록 20분 동안
그대로 둔다.

5 닭고기가 익으며 나온 육수 2큰술, 송송 썬 고수 줄기를 소스 재료와 골고루 섞어 둔다.

6 잘 익은 닭고기를 어슷하게 썰어 접시에 가지런하게 담고, 소스를 골고루 뿌린 후 고수
잎을 곁들여 낸다.

레몬 탕수육

산뜻한 풍미의 색다른 탕수육이죠. 레몬을 껍질째 살짝 볶으면 껍질에서 스며나오는 향과 함께 하얀 속껍질이 선사하는 은은한 쌉싸래함까지 모두 즐길 수 있습니다.

재료 2인분 **난이도 ★★★**

레몬 ½개	튀김용 기름 적당량	**탕수육 소스**
돼지고기 등심(돈가스용) 2장		레몬즙 1개 분량(2큰술)
양파 ½개	**고기 밑간**	물 ¾컵
통통한 껍질콩(사진 참조)	간장 1작은술	설탕 1½큰술
12개(120g)	청주 1작은술	소금 ½작은술
녹말가루 ½큰술		녹말가루 ½큰술

1 레몬은 껍질째 길게 4등분한 다음 다시 3~4등분하고, 양파는 1.5㎝ 폭으로 썬다.

2 돼지고기는 고기 망치나 칼등으로 두드려서 면적을 1.5배 정도로 늘리며 부드럽게 한다. 고기 가장자리를 손으로 다듬어 두께를 다시 처음처럼 도톰하게 하여 한입 크기로 썬다.

3 탕수육 소스 재료를 잘 섞어 둔다.

4 고기는 밑간 재료를 넣어 조물조물 버무린 후 녹말가루를 뿌려 가볍게 섞는다.

5 팬에 튀김 기름을 2㎝ 높이로 붓고 170℃로 달군 다음 돼지고기를 하나씩 넣고 3~4분 정도 바삭하게 튀겨 건진다.

6 튀김 기름을 ½큰술만 남긴 다음 레몬, 양파, 껍질콩을 넣고 볶다가 재료에 윤기가 충분히 돌면 탕수육 소스를 넣고 잘 섞으면서 끓인다.

7 튀긴 고기를 넣고 모든 재료와 소스가 잘 섞이도록 볶아 완성한다.

레몬을 껍질째 요리할 때는 국내산, 무농약, 왁스 처리하지 않은(no wax) 것을 선택한다. 구하기 어렵다면 소금 1작은술로 레몬 껍질을 골고루 비벼 문지른 후 흐르는 물에 깨끗하게 헹군 다음 요리에 사용한다.

냉동 레몬 활용 요리

최근에는 국내산 레몬을 구할 수 있으니 제철에 넉넉히 구입해 냉동 보관해두면 필요할 때마다 레몬을 편히 활용할 수 있습니다. 냉동 레몬을 바로 갈아 요리에 사용하면 신선한 맛과 향을 언제라도 즐길 수 있습니다.

통째로 얼린다

껍질을 벗기거나 간 상태로 냉동하면 레몬의 쓴맛이 강해집니다. 껍질째 통째로 지퍼백에 넣어서 냉동하면 향과 신선함을 그대로 보존할 수 있습니다. 평균 보관 기간은 3개월입니다.

요리할 때 바로 갈아서 사용한다

냉동 레몬을 그대로 강판에 갈면 껍질, 과즙, 과육 모두 낭비 없이 사용할 수 있습니다. 쓰고 남은 레몬은 랩으로 감싸서 다시 냉동하고, 되도록 빨리 모두 사용하는 것이 좋습니다.

레몬을 갈아 넣은 레몬소주

평소 즐겨 마시는 소주(증류주)와 레몬을 섞어보세요. 소주뿐 아니라 보드카와 섞는 것도 추천합니다.

재료 1잔

냉동 레몬 ½~1개
소주(증류주) ¼컵
탄산수 ¾컵
얼음 적당량

• 소주는 그 원료가 무엇이든 에탄올이 들어간 소주 대신 증류를 거쳐 만든 소주를 사용하세요.

1 냉동 레몬은 껍질째 강판에 간다.

2 유리잔에 얼음을 넣고 소주를 부은 다음 잘 섞는다.

3 탄산수를 붓고 간 레몬을 넣어 가볍게 섞어 완성한다.

달콤한 레몬 토스트

지금부터 비타민C를 듬뿍 섭취해볼까요! 잠에서 막 깬
아침, 상쾌하게 졸음을 날려주는 아침식사로 제격입니다.

재료 2인분

냉동 레몬 ¼개
버터 10g
설탕 1큰술
식빵 1장

1 버터는 실온에 두어 부드럽게 만든다.

2 냉동 레몬은 껍질째 강판에 간다.

3 식빵에 버터를 바르고 간 레몬을 골고루
   뿌린다. 그 위에 설탕을 뿌리고 오븐
   토스트에 넣어 굽는다.

레몬 관자 필라프

산뜻한 레몬향과
관자의 감칠맛이
어우러져
참을 수 없을
정도로 식욕을
자극해요.

재료 3~4인분

냉동 레몬 ½개
키조개 관자(횟감용) 6개
쌀 360㎖(300g)
타임 6줄기
소금 ⅓작은술
후추 약간
올리브 오일 1작은술

양념
다진 양파 ¼개 분량
소금 ½작은술, 버터 20g

1 쌀은 씻어서 체에 밭쳐 물기를 뺀 다음 전기밥솥에 넣고 물 350㎖를 부어 30분간 불린다.

2 냉동 레몬은 껍질째 강판에 간다. 이때 완성 요리 위에 뿌릴 간 레몬을 따로 조금 남겨둔다.

3 타임은 잎과 줄기를 분리한다.

4 불린 쌀 위에 모든 양념 재료와 타임 줄기, 간 레몬을 올리고 밥을 짓는다.

5 관자에 소금과 후추를 뿌려 밑간한다.

6 프라이팬에 올리브 오일을 둘러 달군 후 관자를 넣고 노릇노릇하게 구운 다음 한 김 식으면 열십자로 4등분 한다.

7 밥이 다 지어지면 관자와 타임 잎을 올려 잠시 뜸을 들인 후 가볍게 섞는다.

8 그릇에 보기 좋게 옮겨 담고 마무리용으로 남겨두었던 간 레몬을 뿌려 완성한다.

식초는 제각각 다른 여러 가지 조미료의 맛을
조화롭게 엮어 내는 능력도 뛰어납니다.

여러 식재료가 가진 맛을 능수능란하게 끌어내어
놀랍도록 풍성하고 좋은 맛이 음식에 발휘됩니다.

식초 그대로 요리에 쓴다

맛있게 신맛을 살린 음식

'식초'를 가열하지 않고 있는 그대로 요리에 사용해 봅시다.
매운 것과 어우러지면 매운맛이 부드러워지고
단 것과 어우러지면 단맛이 깔끔해지고
감칠맛과 어우러지면 풍미가 깊어지고
쓴맛과 어우러지면 아린 맛이 순해집니다.
서로 다른 종류의 신맛이 만나면 쨍한 자극이 사라져
오히려 부드러워집니다.

닭고기 피망 머스터드 샐러드

닭고기는 전자레인지를 활용하면 실패 없이 부드러운 육질로 조리할 수 있습니다. 식초와 머스터드가 채소의 아삭함과 산뜻함을 한층 더 끌어올려 줍니다.

재료 2인분 **난이도** ★☆☆

닭가슴살(껍질 제거한 것) 1장
(200g)
피망 4개
오이 1개
양파 ¼개
쌀식초 1큰술

고기 밑간
식초 1작은술
생강즙 1작은술

소스
머스터드 ½큰술
설탕 ½작은술
소금 ½작은술
참기름 1작은술

1 내열그릇에 닭가슴살을 담고 포크로 표면 전체를 골고루 찔러 작은 구멍을 낸다.❶ 고기 밑간 재료를 골고루 바르고 10분 동안 그대로 둔다.

2 피망은 링 모양으로 얇게 썰고, 오이는 길이로 반 갈라 씨를 도려내고 얇게 어슷 썬다.

3 양파는 얇게 채 썰어 큼직한 그릇에 담고 쌀식초를 뿌린다.❷

4 닭고기가 담긴 내열그릇에 랩을 씌워 전자레인지에서 2분 동안 가열한 다음 한 김 식으면 먹기 좋게 찢는다.

5 양파가 담긴 그릇에 소스 재료를 넣고 골고루 섞은 다음 피망, 오이, 닭고기를 넣고 가볍게 버무려 맛이 골고루 배게 하여 완성한다.

1 2

❶ 닭고기에 구멍을 내면 가열할 때 살이 찢어지는 것을 막아주므로 오히려 고기가 부드러운 식감을 유지한 채 익는다.
❷ 양파에 미리 식초를 뿌려 두면 양파의 매운맛이 부드러워진다.

초간단 전갱이회 초절임

문 어 와 풋 콩 두 부 무 침

초간단 전갱이회 초절임

생선에 쌀식초를 뿌려 10분 동안 가만히 두기만 해도 아주 맛좋은 요리를 만들 수 있지요!

재료 2인분 **난이도 ★★☆**

전갱이(횟감용, 세장뜨기 한 것) 3마리 분량
물 1컵
소금 1작은술
쌀식초 2큰술
염장미역 30g

곁들임 채소
푸른 시소(푸른 차조기) 10장
양하(묘가) 2개
생강 1쪽

소스
쌀식초 1½큰술
간장 ½큰술
설탕 1작은술
맛국물 또는 물 2큰술

1 철제 트레이에 물과 소금을 넣고 잘 섞은 다음 전갱이를 담가 냉장실에서 20분 동안 둔다.

2 전갱이의 물기를 닦아내고 쌀식초를 뿌린다. 중간중간 아래 위를 뒤집어가면서 10분간 두었다가 물기를 닦는다.

3 전갱이에 잔가시나 껍질이 남아 있으면 제거하고 먹기 좋은 크기로 썬다.

4 충분한 양의 물(분량 외)에 염장미역을 넣고 담가 소금기를 뺀 뒤 물기를 꼭 짜고 한입 크기로 썬다.

5 곁들임 채소는 모두 채 썰고 분량의 재료를 섞어 소스를 만든다.

6 그릇에 전갱이, 미역, 곁들임 채소를 모양내어 담고 소스를 골고루 뿌린다.

• 맛국물은 다시마, 가다랑어포, 멸치 등을 끓여 우린 국물이 잘 어울린다.

문어와 풋콩 두부 무침

무침 양념에 식초를 넣으면 문어 특유의 단맛이 한결 살아나며
산뜻함이 더해져 입맛을 돋웁니다.

재료

삶은 문어 150g
삶은 풋콩 100g(껍질째 200g)
오이 1개
두부 200g
소금 ⅓작은술
식용유(식물성 기름) 2작은술

무침 양념
참깨 페이스트(네리고마) 1큰술
소금 ⅓작은술
설탕 ⅓작은술
참기름 1작은술
쌀식초 1½큰술

1 오이는 둥근 모양으로 얇게 썰어 소금을 뿌려 잠깐 절인 뒤 숨이 죽으면 물기를 꽉 짠다.

2 두부는 키친타월로 감싸 잠시 두어 물기를 뺀 다음 대강 으깬다.
문어는 1.5㎝폭으로 썬다.

3 프라이팬에 식용유를 둘러 달군 후 문어를 넣고 노릇하게 굽는다.

4 큼직한 그릇에 무침 양념 재료를 순서대로 넣는다.
이때 재료를 넣을 때마다 골고루 섞는다.

5 양념을 완성한 다음 문어, 풋콩, 오이, 두부를 넣고 골고루 버무려 완성한다.

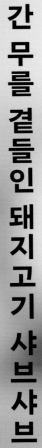

쌀식초

간 무를 곁들인 돼지고기 샤브샤브

감칠맛과 매운맛이 절묘하게 균형을 이루는 식초장이 담백한
돼지고기와 간 무의 맛이 부드럽게 어우러지도록 만듭니다.

재료 2인분 **난이도** ★☆☆

돼지고기 등심(샤브샤브용)
200g,
무 ⅓개(300g)
무순 1팩

식초장
쌀식초 2큰술
간장 1큰술
두반장 1작은술
다진 마늘 약간

고기 양념
마요네즈 1큰술
식초 1작은술
소금 약간

1 무는 강판에 곱게 갈아서 체에 밭쳐 물기를 빼고❶ 무순은 3등분한다.

2 재료를 골고루 섞어 식초장을 만들고, 고기 양념도 재료를 섞어 만들어 둔다.

3 돼지고기를 철제 트레이에 한 장씩 펼쳐 담고 표면에 고기 양념을 바른다.❷

4 끓는 물에 양념한 돼지고기를 넣고 익으면 바로 건져 체로 밭쳐둔다.

5 그릇에 돼지고기, 간 무, 무순을 번갈아가며 보기 좋게 담고 감칠맛 나는 식초장을
골고루 뿌려 완성한다.

❶ 간 무는 체에 밭쳐 5분
정도 그대로 두면 물기가
빠져 다른 양념과 잘 섞여
요리의 식감이 좋아진다.
❷ 마요네즈는 고기의
감칠맛도 살리지만 익은
고기가 식어서도 오랫동안
부드러운 상태로 유지되게
한다.

중화풍 고등어 샐러드

뚝딱 만들어 식탁에 올리면 너무 맛있어서 눈깜짝할 사이에
사라질거예요. 아삭아삭 크레송 씹는 즐거움까지 만끽하세요.

재료 2인분 **난이도** ★☆☆

고등어 통조림 1캔(190g)
크레송 2묶음(100g)

드레싱
쌀식초 1큰술
간장 1큰술
머스터드 1작은술
참기름 각 1작은술
볶은 통깨 2작은술

1 크레송은 먹기 좋은 길이로 잘라 접시에 펼쳐 담는다.

2 재료를 골고루 섞어 드레싱을 만든다.

3 고등어는 가볍게 물기를 빼고 크레송 위에 올린 다음 드레싱을 골고루 뿌려 낸다.

순무 참깨 무침

식초가 참깨의 고소함을 한층 더 살려줍니다.

재료 2인분

순무 3개	**소스**	
순무잎 30g	깨소금 2큰술	간장 ½작은술
소금 ⅓작은술	쌀식초 1큰술	
	설탕 ½큰술	

1 순무는 1cm 폭으로 빗겨 썰고 순무잎은 송송 썬다.

2 그릇에 순무와 순무잎을 넣고 소금을 뿌려 골고루 섞어 숨이 죽으면 물기를 꽉 짠다.

3 큼직한 그릇에 소스 재료를 모두 넣고 골고루 섞은 후 절인 순무와 순무잎을 넣어
골고루 버무려 완성한다.

셀러리 다시마 무침

마른 조미 다시마와 식초가 만나 깔끔한 감칠맛이 탄생합니다.

재료 2 인분

셀러리 1줄기

소스
쌀식초 2작은술
마른 조미 다시다(시오콘부) 10g   볶은 통깨 1작은술
참기름 1작은술

1 셀러리는 길고 가늘게 막썰기 한다.

2 큼직한 그릇에 소스 재료를 모두 넣고 섞은 후 셀러리를 넣고 버무려 완성한다.

· 시오콘부 (塩昆布) : 다시마를 깍둑썰거나 가늘게 채 썰어 간장, 소금을 주재료로 한 조미액에 담가
  뭉근히 졸인 식품 또는 삶거나 조린 다시마에 소금을 뿌린 것. 풍미를 더하기 위해 설탕, 맛술을 사용해
  맛을 내기도 한다.

쌀식초

촉촉한 감자 샐러드

감자가 뜨거울 때 바로
식초를 넣는 게 음식 맛의 비결!

재료 2인분

감자 2개	후추 약간	**소스 1**	**소스 2**
덩어리 베이컨 40g		쌀식초 1큰술	쌀식초 1큰술
올리브 오일 1작은술		올리브 오일 1큰술	간 양파 ½큰술
소금 ½큰술			

1 감자는 껍질 벗겨 4등분한다. 베이컨은 0.7~0.8㎝ 폭으로 썬다.

2 작은 냄비에 물 3컵, 소금, 감자를 넣고 끓어오르면 불을 줄여 15분 정도 삶는다.

3 물을 따라내고 다시 불에 올려 수분이 거의 날아가면 불을 끄고 바로 소스 1을 넣고
감자를 으깨면서 골고루 섞는다. 감자가 식는 동안 소스 2를 만든다.

4 팬에 올리브 오일과 베이컨을 넣고 볶아 베이컨이 익으면 ③의 감자에 흩뿌려 넣은 다음
소스 2를 넣고 골고루 섞은 후 후추를 뿌려 완성한다.

어른들의 코울슬로

마요네즈를 적게 넣어도
충분히 맛있어요!

재료 2인분

양배추 ⅙개(200g)

소스
화이트 와인 비니거 1큰술
간 양파 1작은술
마요네즈 ½큰술

올리브 오일 2작은술
홀그레인 머스터드 1작은술
소금 ¼작은술

1 양배추는 4~5cm 길이로 가늘게 채 썬다.

2 양배추를 버무릴 그릇에 소스 재료 중 화이트 와인 비니거와 간 양파를 넣고 섞는다.
   약 2분 후에 나머지 소스 재료를 모두 넣고 골고루 섞는다.

3 양배추를 넣고 잘 섞어 코울슬로를 완성한다.

당근을 전자레인지에서 조리하면
본연의 단맛이 훨씬 강해져요.

당근 건포도 샐러드

재료 2인분

당근 1개
건포도 2큰술

소스
화이트 와인 비니거 2작은술
간 양파 1작은술

소금 ¼작은술
후추 약간

1 당근은 랩으로 감싸서 전자레인지에 넣고 1분 30초 동안 가열한다. 열기가 빠지면
  강판에 굵게 간다.

2 그릇에 소스와 건포도를 넣고 섞은 다음 몇 분 동안 그대로 둔다.

3 간 당근을 넣고 골고루 버무려 완성한다.

화이트 와인
비니거

당근 라페

이국적인 풍미를 가진 커민이 매혹적이고
색다른 당근 라페를 완성합니다.

재료 2인분

당근 1개
간 양파 1작은술
화이트 와인 비니거 ½큰술
커민 씨 ½작은술

소스
소금 ¼작은술
꿀 1작은술
후추 약간

1 당근은 채칼로 얇게 채 썬다.

2 그릇에 간 양파와 화이트 와인 비니거를 넣고 섞은 다음 2분 뒤에 소스, 당근, 커민 씨를
넣고 골고루 버무린다.

• 커민 씨는 마른 팬에 살짝 볶아 사용하면 향이 더 깊어진다.

오렌지 아몬드 샐러드

후다닥 만들어도 모양과 맛이 모두 화려한 샐러드! 손님 상에 맨 먼저 애피타이저로 등장해도 좋고, 마지막 디저트로 내어도 모두가 환호할 음식입니다.

재료 2인분 **난이도** ★☆☆

오렌지 2개
아몬드 20g

드레싱
화이트 와인 비니거 2작은술
올리브 오일 2작은술
소금 약간
후추 약간

1 오렌지는 통째로 껍질과 속껍질까지 벗겨낸 다음 1㎝ 두께의 원 모양으로 썬다.

2 아몬드는 마른 팬에 넣고 노릇해지고 구수한 향이 날 때까지 볶아 굵게 다진다.

3 그릇에 오렌지를 펼쳐 담고 드레싱 재료를 순서대로 골고루 뿌린 다음 아몬드를 흩뿌려 장식해 완성한다.

연어 와인 절임

재료 2인분 **난이도 ★★☆**

연어(횟감용 덩어리) 200g
적양파 ⅙개
딜 6줄기

절임액
화이트 와인 비니거 2큰술
간 양파 ½큰술
꿀 2작은술
국간장(우스구치 간장) 1작은술
소금 ½작은술
굵게 간 통후추 ½작은술

❶ 공기를 잘 뺄수록
절임액이 연어 전체에
골고루 스며든다.

기름이 오른 연어를 절임액에 천천히 절이면 딱 알맞은 식감을 맛볼 수 있어요. 깔끔한 감칠맛과 풍성한 풍미를 한꺼번에 즐길 수 있습니다.

1 지퍼백에 절임액 재료를 모두 넣고 잘 섞는다. 연어를 덩어리째 넣고 공기를 최대한 빼고 밀봉한 다음 ❶ 냉장실에 넣고 최소 6시간~1일 동안 둔다.

2 절인 연어의 물기를 빼고 얇게 썰어 접시에 모양내어 담는다.

3 얇게 채 썬 적양파와 먹기 좋게 자른 딜을 연어 위에 올리고, 남은 절임액을 촉촉하게 뿌려 완성한다.

채소 듬뿍 스테이크 샐러드

개성 강한 채소들의 맛을 화이트 와인 비니거로 더 깔끔하고 산뜻하게 살렸습니다! 고기에 버금가게 좋은 채소의 맛을 제대로 느낄 수 있는 요리입니다.

재료 2인분 **난이도** ★☆☆

스테이크 용 소고기(기름기
적은 살코기 부위) 2장(200g)
양상추 4장
셀러리 1줄기
적양파 ¼개
고수 6~8줄기

땅콩 20g
화이트 와인 비니거 1½큰술
식용유(식물성 기름) 1작은술
소금 약간
후추 약간

드레싱
피시소스 1큰술
설탕 ½큰술
간 마늘 약간
후추 약간

1 양상추는 한입 크기로 찢는다. 셀러리는 얇게 어슷 썰고 적양파는 얇게 채 썬다.

2 고수의 잎은 뜯어 두고 줄기는 송송 썬다. 땅콩은 굵게 다진다.

3 큼직한 그릇에 적양파를 담고 화이트 와인 비니거를 뿌려 2~3분 정도 그대로 두었다가 드레싱 재료를 모두 넣고 골고루 섞는다.

4 소고기에 소금과 후추를 뿌려 밑간한다.

5 프라이팬에 기름을 둘러 달군 후 강한 중불에서 소고기 양면을 1~2분씩 굽는다.

6 다 구운 고기는 도마로 옮겨 4분 정도 그대로 두었다가 얇게 썬다.

7 드레싱이 담긴 그릇에 소고기, 양상추, 셀러리, 고수의 잎과 줄기를 모두 넣고 골고루 섞은 다음 그릇에 담고 땅콩을 뿌린다.

발사믹 소스 열빙어 튀김

바삭한 튀김옷 속에 감춰져 있는 치즈와 허브의 절묘한 풍미! 발사믹 식초를 넣은 소스까지 더해지면 더욱 깊은 맛을 느낄 수 있어요.

재료 2인분 **난이도 ★★☆**

열빙어 6마리
튀김 기름(식용유) 적당량

튀김옷
튀김가루 또는 박력분 4큰술
물 4큰술
파르메산 치즈가루 1큰술
타임 잎 2작은술

발사믹 소스
발사믹 식초 2큰술
간 양파 1작은술
꿀 ½~1작은술
소금 적당량
후추 적당량

1 튀김옷 재료를 모두 그릇에 담고 가볍게 섞어 두고, 발사믹 소스도 만들어 둔다.

2 튀김 기름은 180℃로 데운다.

3 튀김옷에 열빙어를 넣고 가볍게 버무린 후 튀김 기름에 바로 넣어 바삭해질 때까지 2~3분간 튀겨 낸다.

4 열빙어 튀김을 그릇에 담고 발사믹 소스를 곁들여 낸다.

매콤 배추 무침

강렬한 매운 맛과 감칠맛이 만나
끝없이 입맛을 돋운다.

재료 2인분

배추(작은 것) ¼개(300g)
마른 홍고추(매운 것) 1개
소금 ½작은술

소스
발사믹 식초 2작은술
올리브 오일 1작은술
아주 곱게 다진 마늘 약간

1 배추는 0.5㎝ 폭으로 썰고, 홍고추는 잘게 송송 썬다.

2 그릇에 배추와 홍고추를 담고 소금을 뿌려 섞어 두었다가 숨이 죽으면 물기를 짠다.

3 절인 배추와 홍고추에 소스를 넣고 잘 버무려 완성한다.

· 일본 홍고추는 우리나라 홍고추보다 크기가 작고 짧습니다.

간 무와 잔멸치 무침

칼슘 보충에 딱 좋은 맛있는
한 접시가 완성!

재료 2인분

무 ⅓개(300g)
잔멸치 20g
흑초 1큰술
데친 무청(있으면) 약간

1 무는 껍질째 강판에 갈아 체에 밭쳐 5분 정도 그대로 두고, 데친 무청은 잘게 송송 썬다.

2 그릇에 간 무와 잔멸치를 모양내어 담고 흑초를 뿌리고 무청을 곁들여 완성한다.

오이 상추 초무침

깔끔하고 아삭한 맛에 이끌려 젓가락이 점점 부지런히 움직여지는
요리이죠.

재료 2인분 **난이도 ★☆☆**

오이 1개
상추 4장
대파 ⅓대

양념
설탕 1작은술
다진 마늘 약간
흑초 1큰술
참기름 1큰술
간장 ½큰술

굵은 고춧가루 ½큰술
깨소금 ½큰술

1 오이와 대파는 길이로 반 갈라 얇게 어슷 썬다. 상추는 한입 크기로 찢는다.

2 큼직한 볼에 양념 재료를 모두 넣고 잘 섞은 다음 채소를 넣어 골고루 버무려 양념이
배게 한 다음 낸다.

채소 한 가지로 뚝딱 한 접시

여주의 쓴맛을 못 견디는 분들이라면
더더욱 맛보아야 할 한 접시!

팡팡 터지는 토마토 과즙을
제대로 느낄 수 있어요!

쌀식초

여주 매실 절임

재료 2인분

여주 1개
우메보시 1개
소금 1작은술

절임 양념
쌀식초 3큰술
설탕 3큰술
물 3큰술
소금 ½작은술

1 여주는 길이로 반 갈라 속과 씨를
  제거한 다음 모양 살려 얇게 썰어
  소금을 뿌린다.

2 우메보시는 잘게 썰고 씨는 빼서
  따로 둔다.

3 그릇에 절임 양념과 우메보시와
  씨를 넣고 잘 섞는다.

4 보관할 용기에 여주를 담고 ③을
  모두 붓는다.

• 만들어서 바로 먹어도 좋지만 시간이
  지날수록 절임 양념이 배어 맛이 좋아집니다.
  3일 내에 먹는 게 맛있습니다.

다이어트 중이라면 식사 전에
이 채소 요리를 먼저 먹어도
좋으며, 입가심용으로도
그만입니다!

쌀식초

콜리플라워 피클

재료 2인분

콜리플라워 ½개	설탕 3큰술
	소금 1작은술
피클 양념	월계수 잎 1장
쌀식초 4큰술	통백후추 1작은술
물 4큰술	

1 콜리플라워는 작은 송이로 나누고
   크기가 큰 것은 반으로 썬다.

2 끓는 물에 콜리플라워를 넣고 20초
   정도 데친 다음 건져서 체에 밭쳐
   물기를 뺀다.

3 피클 양념 재료를 골고루 섞어 둔다.

4 보관할 용기에 콜리플라워를 담고
   피클 양념을 부어 냉장실에서 2시간
   이상 절인 뒤부터 먹는다.

발사믹 식초

방울토마토 절임

재료 2인분

방울토마토	**절임 양념**
1팩(250g)	발사믹 식초 2작은술
소금 약간	꿀 ½작은술
굵게 간 통후추 약간	

1 방울토마토는 꼭지를 떼고 길이로 반
   썬다.

2 그릇에 절임 양념을 넣고 골고루 섞은
   다음 방울토마토를 넣어 버무리고
   소금, 후추로 간을 맞춘다.

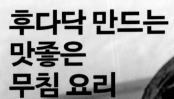

후다닥 만드는
맛좋은
무침 요리

식초와 낫토의 환상적인
맛 궁합을 찾아낸
즐거운 발견!

살짝 숨 죽은 채소에
단식초의 부드러운 맛이 잘
스며듭니다.

이름하여 콩가족 집합
요리로 간식으로
먹기에도 아주 좋아요

무말랭이 낫토 무침

재료 2인분

무말랭이 30g
낫토 2팩
송송 썬 실파 1줄기 분량

양념
쌀식초 1큰술
누룩소금(시오코지) 2작은술

1 무말랭이는 물에 불려
   물기를 꽉 짠 다음 2cm
   길이로 자른다.

2 그릇에 낫토와 양념을
   넣고 골고루 섞은 다음
   무말랭이를 넣고 버무린다.

무와 양하 무침

재료 2인분

무 ¼개(200g)
양하(묘가) 3개
소금 ½작은술

단식초
쌀식초 2큰술, 설탕 1큰술,
맛국물 또는 물 1큰술, 소금 약간

1 무는 얇게 어슷 썬 다음 채
   썬다. 양하는 길이로 반 자르고
   얇게 어슷 썬다.

2 무와 양하를 섞은 후 소금을
   뿌리고 숨이 죽으면 물기를 짠다.

3 그릇에 단식초 재료를 넣고
   골고루 섞은 다음 무와 양하를
   넣고 버무린다.

콩과 풋콩 무침

재료 2인분

콩(찌거나 삶은 것) 100g
삶은 풋콩(껍질 있으면 200g)
100g
흑초 2큰술
소금 약간

1 내열 볼에 콩과 풋콩을 넣고
   랩을 씌워 전자레인지에서
   2분간 가열한다.

2 콩에 흑초와 소금을 넣고
   섞어 완성한다.

식초 음료

간편하게 식초만 넣어도 인기를
끌만한 맛있는 음료가 완성!
신맛은 거의 느낄 수 없는 대신
변화무쌍한 맛의 즐거움을
느껴보세요.

흑초

흑초 밀크

재료 1인분
....

우유 1컵

맛재료
흑초 1큰술
흑설탕 또는 설탕 1큰술

1 작은 냄비에 맛재료를 모두
넣고 따뜻하게 데워 설탕을
녹인다.

2 유리잔에 맛재료와 우유를
넣고 잘 섞으면 완성.

부드러운 감칠맛이 나며
위에 부담을 주지 않아요.

쌀식초

아보카도 스무디

재료 1인분

아보카도 ½개
쌀식초 1큰술
메이플 시럽 ½큰술
물 1컵

1 아보카도는 껍질을 벗기고
   씨를 뺀다.

2 믹서기에 아보카도와 나머지
   재료를 모두 넣고 갈아
   완성한다.

화이트 와인
비니거

가스파초 주스

재료 1인분

토마토 1개
오이 1개
올리브 오일 약간

맛재료
화이트 와인 비니거 ½~1큰술
꿀 1작은술, 소금 약간

1 토마토와 오이는 갈기 쉽게
   큼직하게 썰어 믹서에 넣고
   맛재료를 모두 넣고 곱게
   간다.

2 그릇에 담고 올리브 오일을
   약간 뿌린다.

비타민을 보충해주는
마시는 샐러드입니다.

포만감이 오래가므로
아침식사 대용이나
간식으로 좋아요.

따끈따끈한 소스를 뿌리면 맛있는 향으로 꽉 찬 요리 한 그릇이 뚝딱!

'식초'의 활약 덕에 우리 모두는 요리 고수가 될 수 있지요!

버터와 만난 비니거 소스는 어떤 요리에 활용해도 백 점 만점!

03

식초를 끓여 맛을 올리다

간단한 조리로 풍부한 감칠맛을 내며 요리의 맛이 살아난다

'식초'를 끓이면 신맛은 날아가고 좋은 맛과 감칠맛은
더해지며, 재료에 맛이 잘 스며들어 풍미가 깊어집니다.
식초를 넣어 가볍게 볶기만 해도 맛의 틀이 단단하게 잡히고,
식초를 넣고 보글보글 끓이면 고기와 생선이 야들야들
부드러워집니다. 전자레인지로 만드는 요리일지라도 식초를
넣으면 맛의 깊이가 생겨 납니다.

매콤 청경채 볶음

빠른 속도로 후다닥 익히는 것이 맛의 핵심인 초록 채소 볶음!
매콤한 소스에 식초를 더해 더욱 아삭한 식감의 요리를 완성했어요.

재료 2인분 **난이도** ★☆☆

청경채 2포기
식용유(식물성 기름) 1큰술

소스
쌀식초 1큰술
두반장 ½작은술
소금 ⅓작은술

1 청경채는 포기마다 4~6등분으로 칼로 쪼개어 나누고 다시 길이로 2~3등분 한다.

2 소스의 재료를 골고루 섞어 둔다.

3 팬에 기름을 둘러 달군 후 청경채 뿌리 부분 먼저, 잎 부분은 나중에 넣고 볶는다.

4 전체적으로 기름기가 돌면 소스를 골고루 둘러 넣고 재빠르게 볶아 맛이 배게 하여
   완성한다.

쌀식초

달콤 오징어 채소 볶음

달콤하면서 새금새금한 단식초 양념을 조리가 끝날 즈음에 넣으면
먹음직스러운 향이 풍겨 식욕을 돋웁니다.

재료 2인분 **난이도** ★★☆

갑오징어 1마리(170g)
홍피망 1개
양파 ½개
꽈리고추 12개
녹말가루 약간
식용유(식물성 기름) 1⅓큰술

소금 약간
후추 약간

단식초 양념
쌀식초 2큰술
간장 1큰술
토마토 케첩 1큰술
물 4큰술, 설탕 ½큰술
녹말가루 ½작은술

1 오징어는 껍질 부분에 0.5cm 폭으로 격자무늬 칼집을 넣고 폭 1.5cm, 길이 4cm
크기로 썬다.

2 피망은 오징어와 비슷한 크기로 썰고, 양파는 0.5cm 폭으로 굵게 채 썬다.
꽈리고추는 꼭지를 떼고 뾰족한 것으로 구멍을 낸다.

3 단식초 양념 재료를 골고루 섞는다.

4 팬에 식용유 1작은술을 둘러 달군 후 피망과 꽈리고추를 넣고 볶는다.
채소의 색이 선명해지면 소금을 뿌려 간을 하고 접시에 덜어둔다.

5 오징어에 녹말가루를 얇게 묻힌다.

6 채소를 볶은 팬에 식용유 1큰술을 둘러 다시 달군 후 양파를 넣고 볶는다.
전체적으로 기름기가 돌면 오징어를 넣고 볶는다.

7 오징어가 익으면 피망과 꽈리고추를 다시 넣고 단식초 양념을 넣고 골고루 섞으면서
볶아 양념이 잘 배면 완성이다.

소고기 버섯 굴소스 볶음

단맛과 감칠맛이 함께 나는 개성 강한 굴소스에 식초를 조금만 더하면 풍미가 둥글둥글 부드러워지면서 보다 깔끔한 맛을 낼 수 있습니다.

재료 2인분 **난이도 ★★☆**

소고기(불고기감) 200g
만가닥버섯 1팩
표고버섯 4개
대파 ½대
녹말가루 1작은술
소금 적당량

굵게 간 후추 적당량
식용유(식물성 기름) 1큰술

소고기 밑간
간장 ½작은술
청주 ½작은술

볶음 소스
굴소스 1½큰술
쌀식초 1큰술

1 소고기는 먹기 좋은 크기로 썰어 밑간 재료에 버무려둔다.

2 만가닥버섯은 작은 송이로 나누고 표고버섯은 3~4등분한다. 대파는 얇게 어슷 썬다.

3 재료를 섞어 볶음 소스를 만든다.

4 팬에 식용유 ½큰술을 둘러 달군 후 버섯을 모두 넣고 엷게 색이 날 때까지 볶은 후 소금, 후추를 뿌려 그릇에 덜어둔다.

5 ④의 팬에 식용유 ½큰술을 둘러 다시 달군 후 대파를 넣고 향이 날 때까지 볶는다.

6 밑간 한 소고기에 녹말가루를 가볍게 묻혀 바로 팬에 넣고 대파와 함께 볶는다.

7 고기가 익으면 버섯을 다시 프라이팬에 넣고 만들어 둔 볶음 소스를 넣고 골고루 섞어가며 볶는다. 후추를 뿌려 맛을 조절해 완성한다.

쌀식초가 굴소스의 진한 맛을 알맞게 중화한다.

연근 마른 조림

간장 없이 이런 감칠맛을 낼 수 있기에 한 번 놀라고, 아삭함과
감칠맛이 아주 좋아 두 번 놀라지요.

재료 2인분 **난이도** ★☆☆

연근 1개(150g)
참기름 ½큰술

식초 소스
쌀식초 2큰술
설탕 1작은술
소금 ⅓작은술

1 연근은 0.5cm 두께로 모양 살려 썬다.

2 식초 소스 재료를 골고루 섞는다.

3 팬에 참기름을 둘러 달군 후 연근을 넣고 노릇한 색이 골고루 나도록 굽는다.

4 식초 소소를 둘러 넣고 물기가 거의 없어질 때까지 약한 불에서 바짝 조려 완성한다.

참깨 듬뿍 정어리 조림

맛술의 단맛과 참깨의 고소함이 산뜻하고 가볍게 어우러질 수 있도록
식초가 알맞게 맛을 정리합니다.

재료 2인분 **난이도** ★☆☆

정어리 4마리
깨소금 3큰술

식초 소스
쌀식초 ¼컵
청주·물 ¼컵 씩
간 생강 1쪽 분량
맛술 3큰술
간장 2큰술

1 정어리는 머리와 꼬리를 제거하고 배 부분에 칼집을 넣어 내장을 빼낸 다음 깨끗하게
씻는다.

2 팬에 식초 소스 재료를 모두 넣고 끓인다.

3 끓어오르면 불을 끄고 정어리를 넣은 다음 조림용 뚜껑을 덮는다. 가끔씩 뚜껑을 열어
조림국물을 생선 위에 끼얹어가며 15분 동안 뭉근하게 조린다.

4 깨소금을 골고루 뿌리고 한소끔 끓인 후 불을 꺼 완성한다.

고수 듬뿍 달걀구이

노릇하게 구운 달걀을 콕 찔러 보면 노른자가 주르륵 흘러요.
새콤달콤한 맛이 나는 에스닉 스타일 달걀 요리입니다.

재료 2인분 **난이도** ★☆☆

달걀 2개
고수 4~5줄기
식용유(식물성 기름) 적당량

소스
쌀식초 ½큰술
피시 소스 ½큰술
설탕 ½큰술
물 1큰술
다진 마늘 1쪽 분량

1 고수는 잎을 따고 줄기와 뿌리는 잘게 송송 썬다.

2 작은 컵에 달걀을 한 개씩 깨 넣고, 다른 그릇에 소스 재료를 잘 섞어 둔다.

3 지름 20㎝ 정도의 프라이팬에 기름을 1㎝ 높이로 붓고 180℃로 달군다.

4 기름에 달걀을 미끄러트리듯 살짝 넣고 달걀 양면에 연한 색이 날 때까지 튀기듯 구운 다음 접시에 덜어 둔다.

5 달걀 구운 팬의 기름을 닦아내고 소스를 넣어 한소끔 끓으면 고수 줄기와 뿌리를 넣고 끓인다.

6 소스의 농도가 걸쭉해지면 구운 달걀을 다시 넣고 소스와 살살 섞고 불을 끈다.

7 소스와 함께 달걀을 그릇에 담고 고수 잎을 올려 낸다.

닭고기 달걀 아도보

아도보(Adobo)는 필리핀의 국민음식으로 집집마다 고유의 레시피가 있을 정도로 조리법이 다양합니다. 고기와 여러 가지 재료에 식초를 넣고 푹 끓이면 야들야들 부드러운 요리가 완성됩니다.

재료 2인분 **난이도 ★★☆**

닭날개 12개	**소스**
달걀 4개	쌀식초 ½컵
마늘 4쪽	물 ½컵
식용유(식물성 기름) ½큰술	청주 ¼컵
	설탕 2큰술
	간장 3큰술

1 마늘은 반으로 썬다.

2 달걀은 찬물부터 넣고 7분간 삶아 찬물에 헹귀 껍질을 벗긴다.

3 냄비에 식용유를 둘러 달군 후 닭날개를 넣고 양면이 모두 노릇해지게 굽는다.

4 ③에 마늘을 넣고 소스 재료 중 쌀식초, 물, 청주를 넣고 끓어오르면 거품을 걷어내고 조림용 뚜껑과 냄비 뚜껑을 덮어 약불에서 15분간 조린다.

5 남은 소스 재료인 설탕과 간장을 넣고 다시 조림용 뚜껑과 냄비 뚜껑을 덮어 약불에서 10분간 조린다.

6 뚜껑을 열고 삶은 달걀을 넣은 다음 가끔씩 뒤적여가며 조림국물이 약간만 남아 재료와 골고루 어우러질 정도가 될 때까지 조린다.

• 조림용 뚜껑 : 재료가 조림장에 잠길 수 있도록 지그시 눌러주는 역할을 하므로 조리하는 냄비나 프라이팬보다 지름이 작은 것을 써야 한다. 나무, 실리콘, 스틸 등으로 다양한 재질이 있다.

미소 소스 튀김 두부 구이

달걀노른자와 식초를 섞어 만든 것을 '키미즈'라고 하는데
일본식 마요네즈라고 볼 수 있지요. 여기에 미소를 넣어 감칠맛을
더했습니다.

재료 2인분 **난이도** ★☆☆

아츠아게 2장
가다랑어포 1팩(2g)
송송 썬 실파 2줄기 분량

미소 소스
백미소 3큰술
쌀식초 2큰술
식초 1큰술
설탕 ½큰술
달걀노른자 1개

---

1 작은 냄비에 미소 소스 재료를 모두 넣고 골고루 섞은 후 약불에서 걸쭉해질 때까지
섞으면서 잘 갠다.

2 아츠아게는 4등분하여, 단면이 위로 오도록 놓고 가다랑어포를 올린 후 미소 소스를
골고루 펴 바른다.

3 오븐 토스터 또는 그릴에 넣고 골고루 색이 날 때까지 구워 그릇에 옮겨 담고 쪽파를
뿌려 낸다.

아츠아게 : 아츠아게는 두부를 두껍게 썰어 기름에 튀긴 유부의 한 종류이다.
대신 연두부튀김(6~8개)을 사용해도 된다.

쌀식초

난반 소스 전갱이 튀김

따끈하게 데운 달콤한 식초를 전갱이 튀김에 휙 뿌리면 바삭바삭한
튀김옷으로부터 맛있는 냄새가 은은하게 풍깁니다. 새콤달콤한
향까지 음미할 수 있는 요리입니다.

재료 2인분 **난이도 ★★☆**

전갱이(세 장 뜨기) 3마리 분량   **난반 소스**
쪽파 2줄기   쌀식초 ¼컵   송송 썬 마른 홍고추
양하(묘가) 1개   맛국물 또는 물 ¼컵   1개 분량
소금 ½작은술   맛술 1큰술
박력분 적당량   국간장(우스구치 간장) ½큰술
튀김용 기름 적당량   설탕 1작은술

1 전갱이는 잔가시를 제거하고 3~4등분한 다음 소금을 골고루 뿌려 10분 동안 그대로
두었다가 물기를 닦는다.

2 쪽파는 얇게 어슷 썰고, 양하는 길이로 반 갈라 얇게 어슷 썰어 물에 가볍게 헹궈 체에
밭쳐 물기를 뺀다.

3 전갱이에 박력분을 얇게 묻혀 180℃로 달군 튀김 기름에 넣고 바삭하게 튀겨 그릇에
옮겨 담고 쪽파와 양하를 올린다.

4 작은 냄비에 난반 소스 재료를 모두 넣고 따끈따끈하게 데워 ❶ 튀긴 생선과 채소에
골고루 뿌려 완성한다.

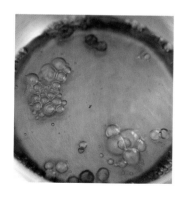

❶ 난반 소스는 뜨거운 상태로 전갱이와 채소에 뿌려
단번에 맛이 배도록 해야 한다. 그래야 식어도 맛있다.

난반 소스 : 난반즈케에서 착안한 것. 난반즈케는 전분을
묻혀 기름에 튀긴 생선살에 여러 가지 채소와 새콤달콤한
간장 양념을 넣고 초절임하여 만드는 요리이다.

팟카프라오라이스

팟카프라오(pad kaprao)는 고기나 해산물에 홀리 바질을 넣고 볶아서 만드는 태국 요리로 밥에 올려 많이 먹습니다. 팟카프라오에 식초를 넣었더니 우리 입에 딱 맞는 요리가 완성되었어요.

재료 2인분 **난이도 ★★☆**

닭고기 간 것 200g
파프리카(빨강) 1개
양파 ½개
다진 마늘 1쪽 분량
바질 잎 16장
달걀 2개

식용유(식물성 기름) 2큰술
따뜻한 밥 300g

볶음 소스
쌀식초 1큰술
피시소스 1큰술
굴소스 ½큰술
설탕 1작은술
두반장 1작은술

1 파프리카는 길이로 반 가른 다음 가로 1㎝ 폭으로 길쭉길쭉하게 썰고, 양파는 가늘게 채 썬다.

2 바질 잎은 장식용을 조금 남겨두고 손으로 대강 찢는다.

3 볶음 소스 재료를 골고루 섞는다.

4 프라이팬에 식용유를 둘러 달군 후 달걀을 깨 넣고 흰자가 익으면 따로 덜어 둔다.

5 달걀을 익힌 팬에 마늘을 넣고 볶아 향이 충분히 나면 닭고기를 넣어 보슬보슬하게 볶는다.

6 파프리카와 양파를 넣고 볶아 전체적으로 기름기가 돌면 바질 잎과 볶음 소스를 넣고 재빨리 볶아 팟카프라오를 완성한다.

7 그릇에 밥과 팟카프라오를 담고 달걀프라이를 올린 다음 바질 잎으로 장식하여 낸다.

양념 솥밥으로 만드는 회덮밥

식초를 넣고 지은 밥으로 만드는 덮밥입니다. 밥에 식촛물을 넣으면 간을 맞출 때 설탕과 소금의 양을 반으로 줄일 수 있습니다. 방법은 더 간편하고, 감칠맛은 한결 좋아집니다.

재료 2인분 **난이도 ★☆☆**

쌀 360㎖(300g)
좋아하는 생선회 모둠 300g
다시마 1장(사방 5㎝)
김 1장
통깨 2큰술
연어알 간장 절임 30g

시소 잎(초록색, 있으면) 8장
시소 꽃대(있으면) 약간

솥밥 양념
쌀식초 3큰술, 설탕 1큰술
소금 ½작은술

회 양념
간장 1 ½큰술
고추냉이 1작은술

1 쌀은 깨끗이 씻어 체에 밭쳐 물기를 완전히 뺀 다음 전기 밥솥에 쌀, 물 350㎖, 다시마를 넣고 30분 동안 쌀을 불린다.

2 쌀 양념을 넣고 가볍게 섞은 후 밥을 짓는다.❶

3 솥밥 양념 재료를 잘 섞은 후 생선회를 모두 넣고 버무려 절인다.

4 김은 비닐 봉투에 넣고 잘게 부순다.

5 밥이 다 지어지면 다시마를 건져 내고 주걱으로 위 아래를 뒤적이며 골고루 섞는다.❷ 잘게 부순 김과 통깨를 넣고 섞는다.

6 그릇에 밥을 담고 시소 잎, 생선회, 연어알을 모양내어 담아 완성한다. 시소 꽃이 있으면 곁들여 장식한다.

❶ 솥밥 양념은 미리 섞어 놓았다가 한꺼번에 부어 넣어야 맛이 잘 밴다.
❷ 따로 그릇에 옮길 필요도 없으며, 굳이 밥을 식히지 않아도 되니 간편할 수밖에!

와인 소스 바지락 양배추 찜

전자레인지로 가볍게 조리하기 때문에 달착지근한 양배추의 풍미와 통통하고 쫄깃한 바지락살의 식감을 모두 살릴 수 있습니다.

재료 2인분 **난이도** ★☆☆

바지락(해감한 것) 200g
양배추 ¼개(300g)
베이컨 2장
다진 마늘 1쪽 분량
버터 10g
굵게 간 후추 적당량

와인 소스
화이트 와인 비니거 1큰술
화이트 와인 1큰술
소금 ⅓작은술

1 바지락은 3% 농도의 소금물에 담가 1~2시간 동안 해감한다.

2 양배추는 사방 5㎝ 크기로 큼직하게 썰고 베이컨은 채 썬다.

3 해감한 바지락은 껍데기를 서로 비벼가며 깨끗이 씻는다.

4 와인 소스 재료를 골고루 섞는다.

5 큼직한 내열그릇에 양배추, 바지락, 베이컨 순서로 담고 다진 마늘을 군데군데 올린 다음 와인 소스를 골고루 뿌리고 버터를 올린다.

6 랩을 씌워 전자레인지에서 8분 동안 가열하고 그대로 2분 간 뜸을 들인다.

7 전체를 골고루 섞어서 완성 그릇에 옮겨 담고 후추를 뿌려 낸다.

버터 소스 두부 스테이크

와인 비니거를 졸여서 감칠맛을 끌어내는 게 이 요리의 포인트!

재료 2인분 **난이도** ★☆☆

두부 2모
올리브 오일 2큰술
루콜라 30g
박력분 약간
소금 약간
후추 약간

버터 소스
버터 30g
다진 마늘 2쪽 분량
화이트 와인 비니거 3큰술
간장 1큰술

1 두부는 키친타월로 감싼 다음 무거운 그릇 등을 올려 30분 동안 물기를 뺀 다음 소금, 후추를 뿌려 간한다.

2 두부에 박력분을 가볍게 묻힌다.

3 팬에 올리브 오일을 둘러 달군 후 두부를 넣고 양면에 색이 날 때까지 각 5분씩 굽고 측면도 색이 나도록 구워 그릇에 옮겨 담는다.

4 두부를 구운 팬에 소스 재료의 버터 10g과 다진 마늘을 넣고 볶아 마늘 향이 올라오면 화이트 와인 비니거를 넣고 약불에서 2분간 졸인다.

5 간장과 남은 버터 20g을 넣고 골고루 섞으면서 걸쭉한 농도가 되면 두부 위에 버터 소스를 올린다. 루콜라를 곁들여 낸다.

머스터드 소스 연어 구이

연어의 기름기는 와인 비니거가 잡아주고, 요리 마무리 단계에서
버터를 듬뿍 넣어 만든 녹진한 소스에서는 깊은 감칠맛이 납니다.

재료 2인분 **난이도** ★★☆

연어(구이용) 2조각
양배추 ⅓개(400g)
버터 40g
올리브 오일 1큰술
소금 적당량
후추 적당량

머스터드 소스
다진 양파 ¼개
화이트 와인 비니거 4큰술
홀그레인 머스터드 ½큰술
화이트 와인 4큰술
소금 약간

1　연어에 소금 ½작은술을 골고루 뿌려 10분간 두었다가 물기를 닦고 후추를 뿌린다.

2　양배추는 한입 크기로 찢어 끓는 물에 소금을 약간 넣고 데친 다음 완성 접시에 담아
　　랩을 씌워 따뜻하게 보관하다.

3　작은 냄비에 소스 재료를 모두 넣고 양이 ⅕로 줄 때까지 약불에서 졸이고 불을 끈다.

4　프라이팬에 올리브 오일을 둘러 달군 후 연어의 살 부분이 팬에 닿도록 놓고 강한
　　중불에서 노릇하게 굽는다. 연어의 옆면도 구운 후 껍질 부분이 팬에 닿도록 놓고
　　약불에서 천천히 익힌다.

5　졸여 둔 소스를 따뜻하게 데워 버터를 세 번에 나누어 넣고 거품기로 잘 섞어 머스터드
　　소스를 완성한다.❶

6　양배추 위에 구운 연어를 올리고 소스를 뿌려 낸다.

❶ 식초와 버터는 최고의 조합이지만
잘 섞이지 않는다. 소스 마무리
단계에서 버터를 조금씩 나누어
넣고 매끄러운 질감이 날 때까지
충분히 유화시켜야 한다.

닭고기 토마토 조림

닭고기를 먼저 노릇하게 구운 다음 나머지 재료를 넣고 보글보글 끓이기만 하면 끝나는 요리! 식초가 감칠맛을 만들어내기에 입맛 돋우는 데는 그만입니다.

재료 2인분 **난이도 ★★☆**

닭다리살 2장(500g)
홀토마토 400g
양파 ½개
마늘 1쪽
화이트 와인 비니거 4큰술
로즈메리 1줄기

올리브 오일 1큰술
소금 약간
이탈리안 파슬리 적당량
굵게 간 후추 약간

닭고기 밑간
소금 1작은술
후추 약간

1 닭고기는 4등분으로 썬 다음 밑간 재료를 골고루 문질러 바른다.

2 양파는 다지고 마늘은 칼의 넓은 면으로 눌러 으깬다. 홀토마토는 으깬 다음 작게 썬다.

3 팬에 올리브 오일을 둘러 달군 후 닭고기의 껍질 부분이 팬에 닿도록 놓고 강한 중불에서 닭고기 양면이 노릇해지도록 굽는다.

4 양파와 마늘을 넣고 채소의 숨이 죽을 때까지 볶는다.

5 화이트 와인 비니거, 토마토, 로즈메리를 넣고 뚜껑을 덮어 약한 중불에서 15~20분 동안 끓인다.

6 소금으로 간을 맞추고 그릇에 옮겨 담는다. 이탈리안 파슬리를 곁들이고 후추를 뿌린다.

닭고기 파프리카 찜

모든 재료를 한데 담아 전자레인지로 조리하는 간단함 덕분에 만드는 즐거움이 더 커지는 요리! 늘 먹던 소스라도 식초를 더하면 색다른 맛을 낼 수 있지요.

재료 2인분 **난이도** ★☆☆

닭다리살 2장(500g)
파프리카(빨강) 1개
다진 이탈리안 파슬리 약간

케첩 소스
토마토 케첩 3큰술
화이트 와인 비니거 2큰술
간장 1큰술
설탕 ½큰술
간 양파 ⅛개 분량

녹말가루 1작은술
소금 ⅓작은술
후추 약간

1 파프리카는 사방 1.5㎝ 크기로 썰고, 닭고기는 한입 크기로 썬다.

2 내열그릇에 케첩 소스 재료를 모두 담아 잘 섞은 다음 닭고기를 넣어 조물조물 버무려 간이 골고루 배게 한다.❶

3 닭고기 위에 파프리카를 올리고 랩을 씌워 전자레인지에서 8분 동안 가열하고 그대로 2분 간 뜸을 들인다.

4 전체를 골고루 섞어 그릇에 모양내어 담고 큼직하게 다진 이탈리안 파슬리를 뿌려 낸다.

❶ 소스 재료를 골고루 잘 섞은 후에 닭고기를 넣고 버무려 소스를 충분히 묻힌다. 식초가 육질을 더 촉촉하고 부드럽게 한다.

흑초

구운 가지 볶음

튀기듯 구운 가지에 흑초 간장을 뿌려 촉촉하고 부드러운 식감을 더욱 맛있게 살렸습니다.

재료 2인분 **난이도** ★☆☆

가지 4개
채 썬 생강 1쪽 분량
튀김 기름 적당량
송송 썬 실파 1줄기 분량

흑초 간장
흑초 2큰술
간장 1큰술

1 가지는 큼직하게 한입 크기로 막썰기 한다.

2 팬에 기름을 1㎝ 높이로 붓고 190℃로 달군 다음 가지를 넣고 부드러워질 때까지 튀기듯 구워 접시에 덜어 둔다.

3 가지를 구운 팬의 기름을 닦고 생강을 넣어 볶다가 가지와 흑초 간장 재료를 모두 넣고 골고루 섞으면서 볶는다.

4 색과 양념이 가지에 골고루 배면 그릇에 옮겨 담고 실파를 올려 낸다.

돼지고기 숙주찜

돼지고기와 숙주가 흑초를 만나면 이렇게까지 맛있어질 수 있습니다!
간단한 조리 과정에 비해 놀랄 만큼 맛좋은 이 요리에는 누구라도
반할 수밖에 없지요.

재료 2인분 **난이도 ★★★**

얇게 썬 돼지고기 등심 200g
숙주 1봉지
어슷 썬 실파 2줄기 분량

매실 굴소스
흑초 2작은술
씨를 빼고 으깬 우메보시 과육
2작은술
굴소스 2작은술
간장 1작은술
간 생강 1작은술

참기름 1작은술
녹말가루 1작은술
설탕 ½작은술

1 숙주는 꼬리를 떼고 물에 담가 아삭아삭하게 한 후 물기를 뺀다.

2 큼직한 그릇에 매실 굴소스 재료를 모두 넣어 골고루 섞은 후 돼지고기를 1장씩 넣어
소스를 골고루 바른다.

3 내열그릇에 숙주를 펼쳐 담고 돼지고기를 1장씩 펼쳐 올린다.

4 랩을 씌워 전자레인지에서 6분 동안 가열하고 그대로 2분 간 뜸을 들인다.

5 완성 그릇에 숙주와 돼지고기를 옮겨 담고 쪽파를 올린다. 먹을 때는 골고루 잘 섞는다.

• 우메보시 과육만 따로 모아 판매하는 제품도 있다.

삼겹살 조림

흑초를 듬뿍 넣고 천천히 푹 조려 만드는 고기 요리입니다. 완성하기까지 시간은 다소 걸리지만 반짝반짝 윤기나는 모습은 물론이며 그 맛을 보면 '만들기 참 잘 했구나'라는 생각이 드는 강력 추천 메뉴입니다.

재료 2인분 **난이도 ★★★**

돼지고기(덩어리 삼겹살) 400g
청경채 1포기
소금 약간
식용유(식물성 기름) 약간

향신 재료
대파(3~5㎝ 길이로 썬 것) ½대
분량
생강(얇게 썬 것) 1쪽
청주 ½컵

조림 양념
흑초 ½컵, 간장 2큰술
설탕 2큰술, 맛술 1큰술

녹말물
녹말가루 ½큰술
물 1큰술

1 돼지고기가 딱 맞게 들어갈 크기의 냄비에 돼지고기와 향신 재료를 넣고 고기가 잠길 정도로 물을 부어 중불에 올린다. 끓어오르면 거품을 걷어내고 조림용 뚜껑을 덮어 1시간 30분~2시간 동안 약불에서 끓여 푹 익힌다.

2 불을 끄고 완전히 식으면 냉장실에 넣어 굳은 기름을 걷어내고❶ 고기 삶은 물은 다른 그릇에 옮겨 둔다.

3 돼지고기를 건져 4~5㎝ 폭으로 썬다.

4 냄비에 조림 양념과 고기, 고기 삶은 물 2컵을 넣고 약한 중불에서 국물의 양이 반으로 줄 때까지 1시간 정도 뭉근하게 조린다. 녹말물을 둘러 넣고 농도가 나면 불을 끈다.

5 청경채는 열십자로 길게 쪼개듯 4등분한 다음 끓는 물에 소금과 식용유를 약간씩 넣고 데쳐 물기를 뺀다.

6 그릇에 조린 돼지고기와 청경채를 모양내어 담아 낸다.

❶ 굳은 기름을 제거하면 고기에 양념이 골고루 잘 스며들고 맛도 깔끔해진다. 국물 위에 면포나 키친타월을 올려서 식히면 손쉽게 기름을 걷어낼 수 있다.

햄버거 스테이크

햄버거 스테이크는 양식, 중식, 일식 스타일의 소스와 모두 잘
어울리는 매력적인 음식이죠. 강렬하면서도 부드러운 맛이 나는 흑초
소스와의 궁합도 역시 끝내줍니다.

재료 2인분 **난이도 ★★★**

간 쇠고기+간 돼지고기 300g	**반죽 재료**	**흑초 소스**
양파 ½개	달걀 1개	흑초 3큰술, 청주 2큰술
파프리카(빨강) 1개	빵가루 ¼컵	간장·설탕 1큰술 씩
그린 아스파라거스 4~5개	소금 ¼작은술	물 6큰술(90㎖)
버터 10g	후추 약간	
식용유(식물성 기름) 적당량		**녹말물**
		녹말가루 ½작은술, 물 1큰술

1 양파는 다지고, 파프리카는 길이 3㎝, 폭 1㎝ 크기로 썬다. 아스파라거스는 밑동의
딱딱한 껍질을 벗겨내고 3㎝ 길이로 썬다.

2 팬에 식용유 1작은술을 둘러 달군 후 양파를 넣어 투명해질 때까지 볶은 다음 식힌다.

3 햄버거 반죽을 만들 볼에 볶은 양파와 반죽 재료를 넣고 골고루 섞은 후 간 고기를 모두
넣고 치대어 잘 섞는다.

4 고기 반죽을 뭉쳐 모양을 잡은 후 양손으로 여러 번 쳐서 반죽 내의 공기를 완전히 뺀다.
손에 식용유를 조금 바르고 고기 반죽을 반으로 나누어 둥글 납작하게 모양을 잡는다.

5 팬에 식용유 ½큰술을 둘러 달군 후 고기 반죽을 올린다. 센 불에서 1분, 약불에서 4분
구운 후 뒤집는다. 다시 센 불에서 1분 간 구운 후 소스 재료 중 흑초와 청주를 넣고
뚜껑을 덮어 약불에서 5분 정도 가열한다.

6 파프리카와 아스파라거스를 넣어 익힌 후 남은 소스 재료인 간장, 설탕, 물을 넣는다.

7 소스가 끓어오르면 구운 고기 반죽만 꺼내어 접시에 담는다.

8 팬에 녹말물과 버터를 넣고 잘 섞어 소스의 농도를 맞추고 불을 끈다.

9 고기 위에 채소를 보기 좋게 먼저 올리고 소스를 끼얹어 완성한다.

닭고기 산라탕

신맛과 매운 맛을 동시에 즐길 수 있는 아주 매력적인 맛의 중국식 수프입니다. 흑초를 넣으면 감칠맛과 풍미가 더 잘 살아납니다.

재료 2인분 **난이도 ★★★**

닭가슴살(껍질 제거한 것)
1장(200g)
연두부 ⅓모(100g)
표고버섯 2개
달걀 1개
청주 1큰술
소금 ⅓작은술
송송 썬 실파 10㎝ 분량

닭고기 양념
청주 1작은술
간장 1작은술
생강즙 1작은술
녹말가루 1작은술

녹말물
녹말가루 1큰술, 물 2큰술

수프 소스
흑초 2큰술
간장 ½큰술
고추기름 1작은술
참기름 1작은술
다진 생강 1쪽 분량
후추 ⅓작은술

1 연두부는 0.7~0.8㎝ 두께의 막대모양으로 썬다.
표고버섯은 기둥을 떼고 모양 살려 얇게 썬다.

2 달걀은 작은 그릇에 따로 풀어 두고, 재료를 모두 섞어 수프 소스를 만들어 둔다.

3 닭고기는 채 썰어 닭고기 양념에 조물조물 버무려 골고루 간이 배게 한다.

4 냄비에 물 3컵을 부어 끓어오르면 닭고기를 넣고 덩어리지지 않도록 골고루 푼 다음
표고버섯을 넣고 한소끔 끓으면 거품을 걷어내고 청주와 소금을 넣는다.

5 녹말물을 넣어 농도를 맞춘 뒤 다시 끓어오르면 풀어둔 달걀을 조금씩 넣어 줄알을 친다.

6 연두부와 수프 소스를 넣고 골고루 섞은 다음 다시 끓어오르면 불을 끈다.

7 그릇에 담고 실파를 뿌려 낸다.

스페어립 조림

재료를 섞기만 하여 만든 양념장에 립을 넣고 조리기만 하면 완성!
밑간도 오븐도 필요 없지요. 풍미는 좋고, 맛은 깔끔하여 실컷 먹어도
질리지 않는 이 요리의 비결은 바로 식초입니다.

재료 2인분 **난이도** ★☆☆

돼지고기 스페어립 600g
크레송 20g

양념
발사믹 식초 4큰술
오렌지 마말레이드 2큰술
간장 1큰술
소금 ½작은술
물 1컵

마늘 4쪽

1 냄비에 양념 재료를 모두 넣고 골고루 섞은 다음 스페어립을 넣고 중불에 올린다.

2 끓어오르면 뚜껑을 살짝 비스듬히 덮어❶ 계속 조린다.

3 가끔씩 아래 위의 스페어립 자리를 바꿔가면서❷ 국물이 거의 없어질 때까지 조린다.

4 그릇에 모양내어 담고 크레송을 곁들인다.

❶ 뚜껑을 조금만 열어 두고 신맛을
날리면서 고기를 익힌다.

❷ 불의 세기는 국물이 보글보글 끓는
정도의 중불이 알맞다. 가끔씩
고기를 뒤적이고 위치를 바꾸어
양념의 맛이 골고루 배게 한다.

식초 활용 디저트

식초의 새콤함이 과일의 신맛과 만나면 더욱 좋은 건강 효과를 발휘하니
좋아하는 과일과 식초를 조합해 즐겨보세요!

화이트 와인
비니거

새콤달콤 과일 푸딩

재료 2인분

오렌지 1개
키위 1개
블루베리 16알
파인애플 ⅛개
실한천 4g

절임물

화이트 와인 비니거 1큰술
설탕 2큰술, 물 1컵

1 작은 냄비에 절임물 재료를
 넣고 한소끔 끓여 식힌다.

2 블루베리를 제외한 모든
 과일을 한입 크기로 썬다.

3 한천은 포장지에 쓰여 있는
 방법대로 불려 물기를 꼭
 짜고 3cm 길이로 썬다.

4 절임물, 한천, 모든 과일을
 한데 섞어 차갑게 식힌다.

디저트를 만들 때 식초를 조금 넣으면
산뜻한 느낌이 한결 살아납니다. 단맛은
끌어올려주고, 입안에 녹아드는 산뜻한
매력을 느껴보세요.

평범한 딸기와 아이스크림이
깊고 진한 감칠맛이 나는
발사믹 식초와 만나 근사한
어른의 디저트로 다시
태어납니다.

부드러운 단맛을 즐길 수 있는
디저트입니다. 감기 기운이
있을 때 한입 맛보면 기분도,
몸도 사르르 좋아집니다.

발사믹 식초

발사믹 딸기 아이스크림

재료 2인분

딸기 6개
바닐라 아이스크림 150㎖
발사믹 식초 2~3큰술
민트 잎(있으면) 약간

1 딸기는 꼭지를 떼어내고
   떼어내고 반으로 썬다.

2 그릇에 아이스크림과 딸기를
   모양내어 담고 발사믹
   식초를 뿌린다. 민트 잎이
   있으면 곁들여 낸다.

쌀식초

식초 꿀맛 사과

재료 2인분

사과 1개
쌀식초 1큰술
꿀 1큰술
시나몬 파우더 약간

1 사과는 껍질을 벗겨 과육만
   듬성듬성 썰어 곱게 간다.

2 내열그릇에 간 사과와
   쌀식초, 꿀을 넣고 섞은 다음
   전자레인지에서 5분 동안
   가열한다.

3 그릇에 모양내어 담고
   시나몬 파우더를 뿌려 낸다.

'식초'는 매일 조금씩 섭취하면 건강에 이로운 효과를
선사합니다. 식초와 잘 어울리는 식재료를 식초에 담가 담금식초를
만들어두면 언제라도 손쉽게 요리에 활용할 수 있겠죠?
레몬, 양파, 생강을 얇게 썰어 각각 식초에 담가보세요.

04

담금식초와 활용 요리

재료의 맛이 우러난 식초만 사용해도 되고, 식초에 담가두었던
재료까지 모두 활용할 수 있어 유용함이 2배!

재료의 유효성분이 녹아 나와 식초와 어우러지면서 각 재료가
가진 건강 효능을 더 효과적으로 섭취할 수 있습니다.
자주 먹는 요리에 재료의 맛이 우러난 식초와 건더기를 조금씩
넣어봐도 좋고, 식초에 담가둔 재료를 요리의 주재료로
활용하면 감칠맛과 깊은 풍미 가득한 건강 요리를 금세 만들어
낼 수 있습니다.

강력 추천 담금식초 3가지

다양한 요리에 두루 사용할 수 있어 자꾸만 손이 가는 담금식초를 소개합니다.
제가 담금식초를 만들 때 즐겨 사용하는 재료와 써는 방법, 재료와 잘 어울리는 식초 종류를 소개합니다.
이 외에 자신만의 방법으로 재료를 썰고, 어울리는 식초를 찾아가며 다양한 담금식초를 만들어보세요.

활용하기 좋은 요리와 방법

- 생선구이, 육류 구이나 볶음, 고기와 채소
  볶음, 춘권, 라멘, 볶음밥, 볶음 국수, 피자,
  파스타에 곁들여 드세요.
- 소면을 찍어 먹는 소스, 생선회에
  곁들이는 간장, 부드러운 수프에 살짝 타
  먹는 마지막 터치로 조금 섞어 드세요.
- 각종 나물 무침, 시판 반찬과 드레싱에도
  담금식초를 조금 넣으면 감칠맛과 풍미를
  더할 수 있습니다.

Part 1~3의 레시피 중 레몬과 양파,
생강을 사용한 요리에 담금식초를
활용해도 좋습니다.

쌀식초

생강식초

재료

껍질 벗긴 생강 200g
쌀식초 200㎖

생강은 가늘게 채 썬다. 깨끗한 보관
병에 생강을 차곡차곡 담고 쌀식초를
붓는다.

- **기대 효능** : 냉증 완화, 원활한
  신진대사
- **먹는 시기** : 만든 후 2일째부터
- **보존 기간** : 냉장 보관 1개월

무궁무진한 활용법!
닭튀김에는 레몬식초, 돼지고기 넣은 군만두에는
생강식초가 잘 어울리죠. 이처럼 '찍어 먹는 식초'나
'맛내기 식초'로 활용할 수 있도록 여러분이 좋아하는
재료로 담금식초를 만들어 일상 요리에 곁들여
보세요.

화이트 와인 비니거

양파식초

재료

양파(또는 적양파) 1개
화이트 와인 비니거 200㎖

양파는 채 썬다. 깨끗한 보관 병에
양파를 차곡차곡 담고 화이트 와인
식초를 붓는다.

- **기대 효능** : 피를 맑게 함, 피로회복
- **먹는 시기** : 만든 후 반나절이
　　　　　　　　지나고부터
- **보존 기간** : 냉장 보관 1개월

쌀식초

레몬식초

재료

레몬 2개
쌀식초 200㎖

레몬은 둥근 모양을 살려 얇게 썬다.
깨끗한 보관 병에 레몬을 켜켜이 쌓아
넣고 쌀식초를 붓는다.

- **기대 효능** : 정장 작용, 항산화 작용
- **먹는 시기** : 만든 후 2일째부터
- **보존 기간** : 냉장 보관 1개월

레몬식초

참치 모둠 콩 샐러드

누구나 즐겨 먹는 보존식품인 통조림 참치와 모둠 콩을 섞어
레몬식초로 맛을 내면 어디에도 없던 상큼함과 산뜻함이 요리에
깃들죠.

재료 2인분 **난이도** ★☆☆

통조림 참치 1캔(190g)
모둠 콩(삶거나 찐 것, 시판
제품) 200g
레몬식초의 레몬 30g
레몬식초 ½큰술
다진 양파 ¼개 분량

베이비 채소 20g

드레싱
올리브 오일 1큰술
꿀 1작은술
소금 ⅓작은술
후추 약간

1 그릇에 레몬식초와 다진 양파를 넣고 섞은 다음 2~3분 동안 그대로 둔다.

2 드레싱 재료를 양파가 담긴 그릇에 모두 넣고 잘 섞는다.

3 참치, 모둠 콩, 담금식초에서 건진 레몬을 드레싱에 넣고 골고루 버무린다.

4 그릇에 보기 좋게 담고 베이비 채소를 곁들여 낸다.

닭고기 딤섬

닭고기에 순서대로 양념을 넣어 먼저 맛을 잘 낸 다음, 마지막에
레몬으로 향을 더하면 부드러운 풍미의 딤섬 완성!

재료 10개 **난이도 ★★☆**

닭고기 간 것 250g
레몬식초의 레몬 50g
다진 양파 ½개 분량
녹말가루 2큰술
사오마이피(딤섬용 만두피)
10장

닭고기 양념
청주 ½큰술
간장 1큰술
설탕 1작은술
소금 ⅓작은술
참기름 1큰술

간 생강 1작은술

1 다진 양파는 작은 그릇에 담아 전자레인지에서 30초 정도 익힌 다음 깨끗한 면포
  등으로 감싸 물기를 꽉 짜고 식힌다.

2 레몬식초에서 건진 레몬은 다진 다음 요리에 올릴 장식용만 조금 남기고 ①의 양파와
  섞고 녹말가루를 뿌려 둔다.

3 그릇에 간 닭고기를 넣고 양념을 쓰여진 순서대로 하나씩 넣는다. 이때 양념 재료를
  하나씩 넣을 때마다 골고루 잘 섞는다.

4 양념한 닭고기에 ②를 모두 넣고 섞은 다음 10등분한다.

5 사오마이피(만두피)에 양념한 닭고기를 한 덩어리씩 올리고 잘 감싸서 모양을 잡은 다음
  다진 레몬을 조금씩 올려 귀엽게 장식한다.

6 김이 오른 찜기에 넣고 15분간 쪄서 완성한다.

현미 샐러드

레몬에서 풍기는 개운한 향과 담금식초의 독특한 풍미가 곡물 샐러드에 남다른 산뜻함을 선사합니다.

재료 2인분 **난이도** ★☆☆

현미밥 200g
레몬식초 2큰술
다진 적양파 ¼개 분량
(양파식초의 건더기를 사용해도
좋아요)
파프리카(노랑) 1개

오이 1개
슬라이스 햄 4장

레몬 드레싱
레몬식초의 레몬 4장
설탕 1작은술
소금 ½작은술
올리브 오일 1큰술

1 파프리카와 슬라이스 햄은 사방 1㎝ 크기로 썬다.

2 오이는 길이로 4등분한 후 사방 1㎝ 폭으로, 파프리카와 비슷한 크기로 썬다.

3 그릇에 다진 적양파를 담고 레몬식초를 뿌려 가볍게 섞고 2~3분 동안 그대로 둔다.

4 드레싱 재료의 레몬은 열십자로 4등분하여 은행잎 모양으로 썬다. 나머지 재료와 잘 섞어 레몬 드레싱을 만든 다음 ③에 넣는다.

5 큰 그릇에 현미밥, 햄, 레몬 드레싱 넣어 골고루 섞은 다음 피망과 오이를 넣고 다시 가볍게 섞어 샐러드를 완성한다.

똠얌쿵

레몬의 활약으로 매운맛과 신맛이 절묘하게 어우러진 특별한 국물의
똠얌꿍이 완성되었습니다!

재료 2인분 **난이도 ★★☆**

레몬식초의 레몬 6장
대하(껍질 벗긴 것) 10마리
만가닥버섯 1팩
방울토마토 10개
양파 ¼개
다시마(사방 5cm) 1장

마른 고추(꼭지와 씨 제거한 것)
2개
얇게 썬 생강 4조각(생강식초의
건더기를 사용해도 좋아요)
고수 약간

양념
레몬식초 3큰술
피시소스 1큰술
설탕 1작은술

1 냄비에 물 2컵과 다시마를 넣고 최소 1시간 동안 그대로 둔다.

2 만가닥버섯은 작은 송이로 나누고, 양파는 0.5㎝ 폭으로 채 썬다.
방울토마토는 꼭지만 떼어 둔다.

3 새우는 등쪽에 칼집을 내어 길다란 내장을 제거한다.

4 다시마 물이 담긴 냄비에 레몬, 양파, 버섯, 마른 고추, 생강을 넣고 중불에 올려 끓인다.

5 끓어오르면 손질한 새우와 방울토마토를 넣고 2~3분 동안 더 끓인다.

6 양념 재료를 모두 넣고 가볍게 한 번 섞어 그릇에 보기 좋게 옮겨 담고 고수를 곁들인다.

버터치킨 카레

한 번 맛보면 사랑에 빠져버리고 마는 요리죠! 이 매력적인 음식을 딱 10분만 끓여 완성할 수 있답니다. 레몬식초 덕에 오래 끓이지 않아도 깊고 진하면서도 무겁지 않은 맛을 낼 수 있어요.

재료 2인분 **난이도** ★★☆

닭가슴살 1조각(200g)
레몬식초의 레몬 4장
얇게 썬 양파 ½개 분량
버터 20g
밥 300~400g(약 2인분)
다진 파슬리(있으면) 약간

카레 소스

카레가루 2큰술
레몬식초 2큰술
토마토 퓌레 200g
간 생강 1큰술
참깨페이스트 각 1큰술

설탕·소금 1작은술 씩
곱게 다진 마늘 1작은술

1 레몬식초를 제외한 카레 소스 재료를 골고루 섞고 마지막에 레몬식초를 섞어 소스를 완성한다.❶

2 닭고기를 한입 크기로 썬 다음 지퍼백에 담고 카레 소스를 모두 넣어 잘 섞은 후 냉장실에서 최소 30분, 길게는 하룻밤까지 재운다.

3 냄비를 약불로 달궈 버터를 넣어 녹인 다음 양파를 넣고 볶다가 양파의 숨이 죽으면 물 ½컵과 재워 둔 닭고기와 소스를 모두 넣고 레몬을 넣는다.❷

4 한소끔 끓으면 약한 불로 줄여 10분 동안 더 끓여 버터치킨 카레를 완성한다.

5 그릇에 버터치킨 카레와 밥을 먹기 좋게 담고 다진 파슬리를 뿌려 낸다.

❶ 진하고 깊은 맛이 나는 수제 카레 소스에 레몬식초를 듬뿍 넣어 섞는다.
❷ 카레 속에 든 레몬은 그대로 먹어도 된다.

• 참깨페이스트가 없다면 볶은 참깨와 향이 세지 않은 식물성 기름을 넣고 곱게 갈아 사용합니다. 참깨와 기름의 비율은 5:1 정도로 맞추고, 농도를 보며 조절합니다.

양파식초

초간단 햄 절임

미리 만들어 둔 양파식초를 활용해 어떤 재료라도 빠르게 마리네이드 할 수 있어요. 후다닥 만들어도 맛만큼은 제대로 낼 수 있답니다.

재료 2인분 **난이도** ★☆☆

로스(등심) 햄 6장
양파식초의 양파 50g
파프리카(빨강) ½개
굵게 간 후추 약간

마리네이드 소스
양파식초 1큰술
소금 ¼작은술
후추 약간
올리브 오일 1큰술

1 햄은 반으로 썰고, 파프리카는 길이로 반 자른 후 가로로 얇게 채 썬다.

2 그릇에 마리네이드 소스 재료를 모두 넣고 잘 섞은 다음 양파, 햄, 파프리카를 넣고 골고루 버무려 10분간 재운다.

3 그릇에 모양내어 담고 후추를 약간씩 뿌린다.

타르타르 소스 흰살 생선 튀김

튀김 요리의 맛을 빛나게 하는 타르타르 소스 역시 양파식초 하나면 손쉽고 맛있게 완성할 수 있답니다.

재료 2인분 **난이도 ★★★**

좋아하는 흰 살 생선살
3토막(청새치를 사용했고,
도미나 대구 추천)
소금 약간
후추 약간
빵가루 적당량
튀김 기름 적당량
잎채소(버터헤드 레터스) 약간

타르타르 소스
양파식초의 양파 20g
삶은 달걀 1개
양파식초 1작은술
마요네즈 3큰술
머스터드 1작은술
소금 약간

튀김 반죽
박력분 2큰술
우유 1½큰술

1 타르타르 소스 재료 중 양파와 달걀을 다져서 나머지 재료와 잘 섞어 완성한다.

2 튀김 반죽 재료를 섞어 둔다.

3 생선살은 2~3등분하여 소금, 후추를 뿌려 밑간한 다음 튀김 반죽에 골고루 버무린 후 빵가루를 꼼꼼히 묻혀 가볍게 털어낸다.

4 튀김 기름을 180℃로 달궈 생선살을 넣고 노릇하게 색이 날 때까지 2~3분 동안 튀긴다.

5 그릇에 튀긴 생선살을 담고 타르타르 소스와 잎채소를 곁들여 낸다.

샬리아핀 돼지고기 스테이크

러시아 가수의 이름을 딴 '샬리아핀'은 본래 마늘과 양파로 맛을 내는
요리랍니다. 양파식초와 그 건더기를 사용하면 고기의 육질이 한결
부드러워집니다.

재료 2인분 **난이도 ★★☆**

돼지고기 등심(돈가스용) 2장   **고기 재움 양념**
양파식초의 양파 50g   양파식초 2큰술
버터 20g   소금 ⅓작은술
간장 1큰술   후추 약간
크레송 30g
식물성 기름 ½큰술

1 돼지고기 한 면에 0.7~0.8㎝ 간격으로 비스듬하게 바둑판 모양의 칼집을 내고 재움
   양념에 버무려 30분간 둔다.

2 프라이팬을 달궈 기름을 두르고 재워 둔 고기의 물기를 키친타월로 닦아 팬에 바로 올려
   센 불로 굽는다. 이때 재움 양념은 버리지 않고 둔다.

3 센 불에서 2분 동안 굽고, 고기를 뒤집어서 2분 동안 구워 그릇에 옮겨 담는다.

4 고기를 구운 프라이팬에 버터를 넣어 녹이고 양파를 넣어 약한 불에서 살짝 볶은 다음
   남겨 둔 재움 양념과 간장을 넣고 걸쭉한 농도가 되도록 졸여 소스를 만든다.

5 구운 고기 위에 소스를 뿌리고 크레송을 곁들인다.

고기를 완성 접시에 담았을 때 칼집을
넣은 면이 위쪽으로 오도록 놓는다.
칼집 낸 부분에 양파의 성분이 깊숙이
스며들어 놀라울 정도로 육질이
부드러워지고, 풍미가 깊어진다.

• 1936년 일본에 방문한 이바노비치
  샬리아핀가 치통으로 고생하자 일본
  제국호텔 요리장 쓰쓰이 후쿠오가
  그를 위해 고안해낸 고기 요리이다.

고등어 오픈 샌드위치

재료를 준비하여 빵 위에 올리면 끝나는 요리! 너무나 간단하지만 깊은 풍미는 고스란히 맛볼 수 있는 세련된 타파스를 소개합니다.

재료 2인분 **난이도** ★☆☆

고등어 통조림 1캔(190g)
양파식초의 양파 50g
슬라이스 빵(좋아하는 것) 4장
버터 10g
상추 1장

고등어 밑간
양파식초 1작은술
간장 1작은술
후추 약간

1 고등어는 물기를 빼고 밑간 재료에 잘 버무리며 큰 덩어리는 작게 부순다.

2 상추는 빵 크기에 맞춰 찢는다.

3 빵에 버터를 바르고 상추와 밑간한 고등어를 먹기 좋게 올린다.

4 담금식초의 양파를 올려 완성한다.

양파식초

탄탄수프

부드러운 감칠맛과 매운맛이 식욕을 돋우는 따뜻한 국물 요리입니다.
마지막 한 방울까지 남김 없이 즐길 수 있을 거예요.

재료 2인분 **난이도 ★★☆**

닭고기 간 것 200g
양파식초의 양파 50g
청주 2큰술
고추기름 1작은술
참기름 1작은술
산초가루(기호에 따라) 적당량

양념

양파식초 2큰술
깨소금 4큰술
미소된장 1큰술
두반장 1~2작은술
설탕 1작은술

곱게 다진 마늘 1작은술
간 생강 1작은술

1 냄비에 닭고기와 청주를 넣고 불에 올려 볶는다.

2 고기가 하얗게 익으면 분량 외의 물 2컵을 붓고, 팔팔 끓어오르면 거품을 걷어낸다.

3 양파와 양념 재료를 모두 냄비에 넣고 잘 섞는다.

4 한소끔 끓으면 불을 끄고 그릇에 옮겨 담은 다음 고추기름, 참기름, 산초가루(원하는
   만큼)를 뿌려 낸다.

닭날개 구이

양념에 고기를 재우기만 하면 요리준비 끝! 아주 간단한 재료로
감칠맛 나는 닭고기 요리를 만들 수 있어요.

재료 2인분 **난이도 ★★☆**

닭날개 8개
생강식초의 생강 20g

재움 양념
생강식초 2큰술
간장 1큰술
꿀 1큰술

1 닭날개 안쪽에 뼈를 따라 칼집을 넣은 다음 지퍼백에 재움 양념과 함께 넣고 공기를 잘
   뺀 후 냉장실에서 최소 2시간 동안 재운다.❶

2 닭날개를 꺼내 물기를 제거한다. 이때 지퍼백에 남은 양념은 버리지 말고 둔다.

3 전기 그릴 또는 220℃로 예열한 오븐에 넣어 양면이 노릇노릇하게 익을 때까지 10~15분
   동안 굽는다.

4 작은 냄비에 남은 양념국물을 넣고 농도가 걸쭉해 질때까지 졸인다.

5 구운 닭날개 표면에 졸인 양념을 바르고 윤기가 날 정도로 살짝 굽는다.

6 그릇에 닭날개를 담고 생강식초에서 건진 생강을 곁들여 낸다.

❶ 지퍼백 속의 공기를
잘 뺀다. 중간중간
지퍼백 전체를
조물조물 주물러
양념이 골고루 배게
하면 더 맛있다.

동남아풍 마제소바

생강을 충분히 볶아 향을 내는 것이 이 요리의 맛내기 비법입니다!
한번 해보면 자꾸만 만들어 먹고 싶어지는 쉽고 매력적인 요리입니다.

재료 2인분 **난이도** ★★☆

돼지고기 간 것 200g
생강식초의 생강 30g
무순 1팩
중화면 2개
참기름 2작은술
식물성 기름 ½큰술

양념
생강식초 1큰술
피시소스 1½큰술
설탕 ½큰술
두반장 1작은술

1 무순은 반으로 자르고, 분량의 재료를 골고루 섞어 양념을 만들어 둔다.

2 프라이팬에 기름을 둘러 달군 후 생강을 넣고 약한 불에서 천천히 볶다가 생강 향이
퍼지면 돼지고기를 넣고 포슬포슬하게 익도록 볶는다.

3 양념을 모두 넣고 끓으면 불을 꺼 고기 소스를 완성한다.

4 중화면은 끓는 물에 삶아 익힌 뒤 물기를 제거한다.

5 면에 참기름을 둘러 무친 후 그릇에 모양내어 담고 고기 소스를 넉넉히 올리고, 무순을
얹어 낸다.

6 먹을 때는 골고루 잘 비빈다.

생강식초

잔멸치 영양밥

각각의 재료가 가진 은은한 풍미와 감칠맛에 생강향까지 더해져 한 입씩 먹을 때마다 기분이 좋아지는 밥입니다.

재료 2인분 **난이도** ★☆☆

쌀 300g
잔멸치 30g
생강식초의 생강 50g
다시마 5×5㎝ 1장
소금 ½작은술

1 쌀을 밥솥에 안치고 물 2컵과 다시마를 넣어 30분 동안 불린다.

2 ①에 소금을 넣고 섞은 후 생강과 잔멸치를 올려 밥을 짓는다.

3 밥이 다 지어지면 다시마를 꺼내고, 주걱으로 가볍게 섞어 그릇에 담아 낸다.

토마토 달걀 수프

재료 2인분

토마토 2개
달걀 1개
생강식초의 생강 20g
굵게 간 후추 약간

밑국물
물 2컵, 다시마 5X5㎝ 1장

양념
생강식초 1큰술, 간장 1작은술
소금 ½작은술

몽글몽글 부드러운
달걀과 알싸한
생강의 맛있는 만남!

1 냄비에 밑국물 재료를 넣고
   1시간 이상 그대로 둔다.

2 토마토는 반달모양으로
   6~8등분하고, 달걀은 작은
   그릇에 풀어 둔다.

3 밑국물이 담긴 냄비를 불에
   올려 보글보글 끓기 시작하면
   다시마를 꺼내고 토마토,
   생강, 양념 재료를 넣고 다시
   끓어오르면 달걀물을 조금씩
   둘러 넣는다.

4 그릇에 옮겨 담고 후추를
   뿌린다.

가슴속까지
차분해지는 깨끗하고
부드러운 맛!

생강식초

오이 미역 무침

재료 2인분

오이 1개
염장 미역 30g
소금 ⅛작은술(오이 절임용)
생강식초의 생강 20g
마른 벚꽃새우 5g

무침 양념
생강식초 2큰술, 물 2큰술
맛술 2큰술, 설탕 1작은술
소금 ⅓작은술

1 냄비에 새우와 무침 양념을
  넣고 한소끔 끓여 식힌다.

2 오이는 얇게 한입 크기로
  썰어서 소금을 넣고 조물조물
  무쳐 두었다가 숨이 죽으면
  물기를 꽉 짠다.

3 미역은 충분한 양의 물에
  넣고 5분 동안 담가 짠 맛을
  빼고 불린 후 한입 크기로
  썬다.

4 완전히 식은 ①, 오이, 미역,
  생강을 넣고 골고루 무쳐
  완성한다.

주재료별 찾아보기

후지이 메구미

요리연구가, 관리영양사
여자영양대학 재학시절부터 요리방송 어시스턴트로 근무하며
요리 경험을 차곡차곡 쌓아왔다. 현재 방송, 잡지 등에서 활약하고
있으며 책도 여러 권 썼다. 영양 균형을 잘 살린, 몸에 좋은 반찬부터
간단하고 센스 넘치는 이자카야 스타일의 안주 요리 등 쉽게 만드는
것에 중점을 둔 레시피로 인기를 모으고 있다. 유튜브 채널 '후지이
식당'에서도 매일 먹는 반찬과 도시락, 안주 요리를 선보이고 있다.

유튜브 '후지이 식당'

관리영양사란?

한국에는 없는 직업군입니다. 일본에서 관리영양사(영양관리사)로
활동하기 위해서는 국가시험에 합격하고, 후생노동성(우리나라의
보건복지부, 고용노동부, 여성가족부를 한한 것에 해당합니다)
대신의 면허를 받아야 될 수 있습니다. 반면 '영양사'는 특정한
양성시설에서 교육을 수료한 후 지방자치단체에서 허가하는 면허를
받아 활동하는 직업군입니다. 일본에서는 관리영양사가 보통의
영양사보다 전문적인 직업이라고 할 수 있습니다.

LEMON & VINEGAR RECIPES

레몬과 식초로 맛을 낸 간단 건강 요리

펴낸 날 초판 1쇄 2024년 7월 22일

지은이 후지이 메구미 | **옮긴이** 백현숙 | **펴낸이** 김민경
디자인 임재경(another design) | **인쇄** 도담프린팅 | **종이** 디앤케이페이퍼 | **물류** 해피데이

펴낸곳 팬앤펜(pan.n.pen) | **출판등록** 제307-2017-17호
전화 031-939-0582 | **팩스** 02-6442-2449
이메일 panpenpub@gmail.com | **블로그** blog.naver.com/pan-pen
인스타그램 @pan_n_pen

편집저작권 ⓒ팬앤펜, 2024

ISBN 979-11-91739-12-1(13590) 값 17,000원

MAINICHI TABETE KIREI NI NARU SUPPAKUNAI OSU RYORI REMON RYORI
© MEGUMI FUJI 2022
Originally published in Japan in 2022 by IE-NO-HIKARI Association,TOKYO.
Korean Characters translation rights arranged with IE-NO-HIKARI Association,TOKYO,
through TOHAN CORPORATION, TOKYO and Korea Copyright Center Inc., SEOUL.